Biljana Balabanova
Trajče Stafilov

Bioacumulação de metais essenciais e pesados em alimentos vegetais

Biljana Balabanova
Trajče Stafilov

Bioacumulação de metais essenciais e pesados em alimentos vegetais

Caracterização multielementos de alimentos vegetais

ScienciaScripts

This book is a translation from the original published under ISBN 978-620-2-07148-2.

Publisher:
Sciencia Scripts
is a trademark of
Dodo Books Indian Ocean Ltd. and OmniScriptum S.R.L publishing group

120 High Road, East Finchley, London, N2 9ED, United Kingdom
Str. Armeneasca 28/1, office 1, Chisinau MD-2012, Republic of Moldova, Europe
Printed at: see last page
ISBN: 978-620-8-26164-1

ÍNDICE DE CONTEÚDOS

CAPÍTULO 1

INTRODUÇÃO

1.1. Conceito básico de toxicidade/Poluição ambiental

O aumento da população, a industrialização e a urbanização são responsáveis pela contaminação ambiental. A descontaminação ambiental é um enigma. Todas as substâncias têm origem no ambiente, seja por fontes biogénicas/litogénicas ou antropogénicas. Os compostos antropogénicos descrevem compostos sintéticos e classes de compostos, bem como elementos e entidades químicas naturais que são mobilizados pelas actividades humanas. Uma substância potencialmente tóxica é uma substância química que se encontra num organismo mas que não é normalmente produzida nem se espera que esteja presente nele. Pode também abranger substâncias que estão presentes em concentrações muito mais elevadas do que as habituais. O destino dos solventes industriais e de outras substâncias químicas industriais no ambiente do solo é um domínio importante da bioquímica do solo (Alexander, 2000; Bohn et al., 2001). O destino das substâncias potencialmente perigosas no solo inclui a completa mineralização ou estabilização do composto de origem, ou de algum metabolito do composto, no solo. Se as substâncias químicas forem tóxicas e a taxa de degradação for muito lenta, são possíveis efeitos adversos na saúde humana e ecológica. Estas substâncias são libertadas no ambiente em quantidades que não são naturais devido à atividade humana. As substâncias são compostas por elementos que podem ser motivo de preocupação ambiental. Os metais pesados são substâncias tóxicas bem conhecidas no ambiente. As formas elementares de elementos essenciais podem ser muito tóxicas ou causar danos ambientais (Thakur 2011). Os compostos inorgânicos podem ser divididos consoante a presença de elementos ou de grupos. Os poluentes inorgânicos antropogénicos estão dispersos na atmosfera, na hidrosfera e na litosfera e têm tendência a transformar-se noutros compostos que podem ser tóxicos, menos tóxicos e não tóxicos para a flora e a fauna (Thakur, 2008, 2011).

A poluição por metais pesados é um problema importante no que respeita à qualidade do ambiente. Os metais pesados presentes no ambiente provêm de componentes naturais ou fontes geológicas, bem como de actividades humanas ou fontes antropogénicas. O tempo de residência da maioria dos metais pesados no ambiente é muito longo. Existem muitas fontes de metais pesados no ambiente, incluindo (Taylor e McLennan, 1995): 1) Naturais, por exemplo, material de origem do solo, erupções vulcânicas, aerossóis marinhos e incêndios florestais; 2) Agrícolas, por exemplo, fertilizantes, lamas de depuração, pesticidas e água de irrigação; 3) Produção de energia e de combustíveis, por exemplo, emissões de centrais eléctricas; 4) Exploração mineira e fundição, por exemplo, rejeitos, fundição e outros resíduos.Por exemplo, rejeitos, fundição, refinação e transporte; 5) Tráfego, por exemplo, combustão de combustíveis petrolíferos; 6) Complexos urbanos/industriais, por exemplo, incineração de resíduos e eliminação de resíduos; e 7) Operações de reciclagem, por exemplo, fusão de sucata. Os problemas de contaminação por metais estão a tornar-se cada vez mais comuns e a ocorrência de metais pesados nos solos, tanto naturais como poluídos, tem sido objeto de vários estudos (Hammer e Keller, 2002; Li et al., 2007; Alloway, 2012; Kothe e Varma, 2012). Embora a contaminação por metais seja generalizada, a ocorrência de metais pesados em solos agrícolas é uma grande preocupação. Absorvidos pelas plantas, os metais pesados podem entrar na cadeia alimentar em quantidades significativas. Por conseguinte, as pessoas podem correr o risco de sofrer efeitos adversos para a saúde devido ao consumo de alimentos vegetais cultivados em solos que contêm concentrações elevadas de metais. Por exemplo, estima-se que cerca de metade da ingestão humana de chumbo é feita através dos alimentos, sendo cerca de metade proveniente de plantas (Nasreddine e Parent-Massin 2002).

1.2. Contaminação dos alimentos

A nutrição moderna exige um maior consumo de alimentos vegetais devido ao seu papel na qualidade de vida (OMS, 1996; Lombardi-Boccia et al., 2003). Por outro lado, os alimentos vegetais, especialmente os que são consumidos sem processamento prévio, como os vegetais crus, são o primeiro elo da cadeia alimentar através do qual os macro e microelementos podem entrar diretamente no organismo (Intawongse e Dean, 2006; Overesch et al., 2007). A toxicologia indica que alguns metais pesados, como Cu, Ni, Mn, Fe, Cr, V, Mo, podem aparecer na lista de metais nocivos, se a sua concentração exceder determinados limites

(OMS, 1996; Manara, 2012). No caso de alimentos vegetais (principalmente legumes) obtidos em áreas não contaminadas, os níveis desses metais são muito baixos, geralmente abaixo dos limites permitidos (Nordin e Selamat, 2013). A situação é bastante diferente quando estes vegetais são desembarcados em áreas geogénicas ou antropogénicas enriquecidas/contaminadas, tais como as áreas mineiras onde estes metais são explorados (Alloway, 2012; Petrova et al., 2013). Nas últimas décadas, a sociedade tem-se apercebido dos efeitos negativos que a contaminação de alguns metais tem no ambiente e na saúde humana. Este tipo de investigação, que chama a atenção para o aumento da contaminação de solos e plantas em áreas contaminadas devido a actividades mineiras ou devido à urbanização, tem sido realizado em todo o mundo (Khan et al., 2008; Smical et al., 2008; Sharma et al., 2009; Petrova et al., 2013).

Uma vez que a contaminação dos alimentos é uma das principais vias de entrada de metais nos seres humanos e nos animais, a monitorização dos pools de biodisponibilidade de metais em vegetais contaminados gerou um grande interesse (Intawongse e Dean, 2006; Mishra e Tripathi, 2008; Malik et al., 2010; Gunduz e Uygur, 2012; Kothe e Varma, 2012). Tendo em conta esta consciencialização, foram realizados muitos estudos para determinar o teor de metais nos legumes e ervas que fazem parte da dieta humana (Yoon et al., 2006; Li et al., 2007; Nordin e Selamat, 2013). A contaminação dos legumes/ervas com metais pesados deriva principalmente do solo contaminado (Gunduz e Uygur, 2012). A absorção de metais do solo depende de diferentes factores, como o seu teor solúvel, o pH do solo, as fases de crescimento das plantas, os tipos de espécies, etc. (Mench et al., 1994; Hammer e Keller, 2002; Marschner, 2002). As plantas desenvolveram diferentes estratégias para crescer em solos agrícolas ricos em metais pesados (Intawongse e Dean, 2006; Kothe e Varma, 2006; Gunduz e Uygur, 2012). Desta forma, os alimentos constituem a principal fonte de exposição humana a metais tóxicos (Malik et al., 2010). Diferentes partes de plantas acumulam diferentes níveis destes metais (Ghosh e Singh, 2005). Por exemplo, foram observadas concentrações mais elevadas de metais nas partes comestíveis e não comestíveis de espécies vegetais, conforme relatado por muitos autores (Overesch et al., 2007; Alloway, 2012; Ismail et al., 2014). Diferentes partes de plantas acumulam diferentes níveis desses metais potencialmente tóxicos. De acordo com a Agência de Proteção Ambiental (EPA), o chumbo é o contaminante de metal pesado mais comum no ambiente e pode ser tóxico para os organismos, mesmo quando absorvido em pequenas quantidades (Naidu et al., 2008). Embora metais como o zinco, o cobre e o manganês sejam oligoelementos essenciais para as plantas, também podem ser perigosos em níveis de exposição elevados. Em doses elevadas de certos compostos metálicos, da ordem de vários gramas, pode ocorrer toxicidade crónica ou carcinogenicidade, bem como mortalidade. Certas culturas, como os espinafres, a alface, a cenoura e o rabanete, podem acumular metais pesados, por exemplo, Cd, Cu, Mn, Pb e Zn, nos seus tecidos (Mench et al., 1994; Nasreddine e Parent-Massin, 2002; Lombardi-Boccia et al., 2003; Li et al., 2007; Mishra e Tripathi, 2008; Malik et al., 2010). Geralmente, a absorção aumenta nas plantas que são cultivadas em áreas com maior contaminação do solo. Entre os metais, o Cd e o Zn são bastante móveis e facilmente absorvidos pelos alimentos vegetais (Mench et al. 1994). Em contrapartida, o Cu e o Pb são fortemente adsorvidos nas partículas do solo, reduzindo a sua disponibilidade para as plantas (OMS 1996). A fração de metais pesados que pode ser facilmente mobilizada no ambiente do solo e absorvida pelas raízes das plantas é considerada a fração biodisponível. O termo "biodisponibilidade" foi definido como a medida em que um produto químico pode ser absorvido por um organismo vivo e atingir a circulação sistémica (Naidu et al., 2008). Por conseguinte, as concentrações totais de metais no solo não correspondem necessariamente à biodisponibilidade dos metais.

1.3. Principais objectivos do inquérito

Várias investigações mostraram que existem áreas significativamente poluídas com metais pesados no território da R. Macedónia (Stafilov, 2014). Por conseguinte, é importante realizar mais investigações para a caraterização dos teores de metais pesados em diferentes alimentos vegetais provenientes de locais poluídos e o seu impacto na cadeia alimentar. Tendo em conta este facto, a azeda (Rumex acetosa L.), o espinafre (Spinacia oleracea) e a urtiga comum (Urtica dioica L.) foram utilizados como alimentos vegetais de crescimento próprio para investigar a possível bioacumulação de metais tóxicos e a capacidade de transferência a partir de terras agrícolas de referência e poluídas (minas e zonas urbanas). O mesmo protocolo de investigação foi aplicado aos alimentos vegetais cultivados (espécies hortícolas): alho

(Allium sativum), cebola (Allium cepa) e salsa *(Petroselinum crispum)*. Foram adequadamente selecionados os arredores das minas e as zonas urbanas como locais-alvo na área investigada para determinar o impacto antropogénico nos terrenos agrícolas e na qualidade dos alimentos (em termos de poluição com metais tóxicos). Investigações anteriores mostram que a mina de cobre "Bucim" e a antiga mina de ferro "Damjan" têm um impacto significativo na poluição do ar e do solo nos seus arredores próximos (Balabanova et al., 2010, 2012, 2013; Stafilov et al., 2010). No entanto, o impacto ambiental na cadeia alimentar tem sido muito pouco investigado. Os legumes de folha e as ervas aromáticas mais frequentes na área investigada foram a azeda, os espinafres e a urtiga comum. A azeda e os espinafres como legumes, e a urtiga comum como erva e aditivo alimentar, são vulgarmente utilizados na dieta da população local e, a nível mundial, estão entre os alimentos mais populares devido ao seu elevado teor de vitaminas e minerais (Manara, 2012).

O principal objetivo deste trabalho é avaliar o fenómeno complexo da distribuição de metais essenciais e tóxicos na cadeia alimentar nas antigas zonas mineiras. Como principais marcadores de poluição em solos agrícolas e vegetais foram utilizados dois tipos de marcadores: marcadores simples, representados pelos teores de elementos nos solos contaminados e pelos teores de elementos nos vegetais consumidos pela população nas áreas poluídas e não poluídas.

CAPÍTULO 2

MATERIAIS E MÉTODOS

2.1. Amostragem e caraterização do local de amostragem

As espécies vegetais e as amostras de solo foram recolhidas em quatro localidades (Figura 1, Tabela 1). A primeira localidade (sítio 1) - aldeia Topolnica - era a região mais poluída, afetada pelas actividades da mina de cobre "Bucim" e pelos rejeitos de flotação (Balabanova et al., 2010, 2012, 2013). A segunda localidade (sítio 2) é a aldeia de Damjan, distante 4 km da barragem de rejeitos de flotação e 2 km da barragem de resíduos de minério da mina de cobre "Bucim". Esta povoação é também afetada pela antiga mina de ferro "Damjan", como indicado por Balabanova et al. (2013). O terceiro local de amostragem (local 3), a aldeia Lakavica, estava a 12 km de distância da fonte de poluição. A investigação anterior da distribuição do ar (usando espécies de plantas musgo e líquenes) não determinou nenhuma distribuição significativa de metais transportados pelo ar da mina de cobre. Por conseguinte, esta zona pode ser utilizada como zona de referência. A quarta localidade de amostragem (sítio 4), a cidade de Stip, foi utilizada para avaliar o impacto no ambiente urbano. Foi recolhido um total de 10 amostras de plantas de cada local, incluindo raízes, caules e folhas de cada espécie, que foram misturadas para formar uma amostra composta e colocadas em sacos rotulados para análise posterior.

Quadro 1. Coordenadas geográficas dos locais de amostragem

Site	Locality	Locality description	Zone	E	N
1	Village Topolnica	Cu-mine environ	1	22°22'47.00"	41°39'41.73"
2	Village Damjan	Former Fe mine environ	1	22°20'33.91"	41°37'57.03"
3	Village Lakavica	Reference area	3	22°14'7.95"	41°38'13.91"
4	Town of Štip	Urban area	2	22°12'16.23"	41°44'16.90"

Figura 1. Localidade da área de estudo no território da R. Macedónia dividida em zonas

Zona 1 - área poluída; Zona 2 - área urbana; Zona 3 - área de controlo, área não contaminada

2.   2 Pré-tratamento das amostras para análise do teor de elementos
2.2.1. Digestão da amostra de solo (formas total e de extractibilidade)

Foram colhidas amostras de solo (5 réplicas), a 0-20 cm de profundidade, da rizosfera de cada planta, em cada local onde se encontrava a amostra da planta. As amostras de solo (uma mistura composta) foram secas ao ar à temperatura ambiente durante duas semanas, esmagadas e pulverizadas até passarem por um peneiro de 2 mm.

Para a digestão total, foi aplicado um método de digestão húmida aberta com uma mistura de ácidos. Massas precisamente medidas de amostras de solo (0,2500 g) foram colocadas num recipiente de digestão de Teflon e foram digeridas numa placa quente a uma temperatura de 150-180°C. Numa primeira fase, foi adicionado HNO_3 para remover todas as matérias orgânicas, depois foi adicionada uma mistura de HF e HClO4, seguida de uma terceira fase em que foram adicionados HCl e água para dissolver os resíduos. O

foi transferida quantitativamente para um balão volumétrico de 25 mL (Balabanova et al., 2013).

Foram aplicados três métodos para o estudo da disponibilidade dos elementos para as plantas: (1) Extração com H2O desionizada que fornece informações sobre a disponibilidade real dos elementos na solução do solo; (2) Extração com HCl 0,1 M durante 1 h e filtragem através de um filtro resistente a ácidos, deslocando formas potencialmente disponíveis que não são facilmente extraídas. A imobilização dos metais pesados no solo contaminado é efectuada através de quelação e lavagem com ácidos minerais. Desta forma, determina-se a eficácia da extração dos metais pesados do solo. É necessário um nível de pH eficaz para permitir a recuperação de metais pesados de solos contaminados. Devido às diferenças nas afinidades dos metais pesados com o solo e os constituintes do solo, os níveis efectivos de pH são susceptíveis de variar em função do tipo de metais pesados e da força da sua ligação ao solo. (3) Extração das espécies solúveis de oligoelementos numa solução-tampão mista (pH = 7,3) de trietanolamina (TEA, 0,1 mol L 1) com CaCl2 (0,01 mol L^{-1}) e ácido dietilenotriamino-pentaacético (DTPA, 0,005 mol L^{-1}), frequentemente recomendada para a extração de metais tóxicos ou biogénicos. A solução de extração de DTPA foi preparada da seguinte forma: 0,005 mol L^{-1} DTPA, 0,01 mol L^{-1} CaCl2 e 0,1 mol L^{-1} TEA foi ajustado para pH a 7,30± 0,05 com 1:1 HC1 (Baceva et al., 2013).

1.3.1. Digestão de amostras de plantas

As plantas colhidas nos solos agrícolas foram lavadas com água e enxaguadas com água destilada, para garantir que estavam completamente limpas e que qualquer contaminação externa tinha sido removida. Cada espécie de planta foi separada da raiz e do rebento (parte verde subterrânea da planta, que é normalmente incluída na alimentação humana). As amostras de plantas foram secas à temperatura ambiente durante quase duas semanas, pulverizadas e passadas através de um peneiro de aço inoxidável de 2 mm. Desta forma, foram preparadas amostras representativas.

Para a digestão das amostras de tecido vegetal, foi utilizado um sistema de digestão por micro-ondas (CEM, modelo Mars, EUA). A preparação de amostras por micro-ondas proporciona uma preparação de amostras eficiente e limpa para técnicas analíticas multielementares, como ICP-OES e ICP-MS. Com a evolução da digestão assistida por micro-ondas, as metodologias também evoluíram. O método 3052 da EPA foi concebido para a análise "total" numa variedade de matrizes, incluindo solos, sedimentos, lamas, óleos, materiais biológicos e botânicos. Este método é o mais versátil e tem sido bem comprovado. Permite variações nos reagentes e na metodologia, tornando-o ideal para uma variedade de matrizes e elementos. Para o presente estudo, foi aplicada e validada a seguinte modificação do método EPA 3052: 0,5 g de amostras de tecido vegetal foram medidas com precisão (com uma exatidão de 0,0001) e, em seguida, foram adicionados 5 mL de ácido nítrico concentrado, HNO_3 (69%, 108 m/V, traço de pureza) e 2 mL de peróxido de hidrogénio, H_2O_2 (30%, m/V, traço de pureza). Os recipientes de Teflon foram cuidadosamente fechados e foi aplicado um método de digestão por micro-ondas. O método de digestão foi realizado em duas etapas para dissolução total do tecido das plantas a 180 °C e pressão de 600 psi, aplicando 100% da energia de 1600 W (Balabanova et al., 2010; Baceva et al., 2013). Quando a digestão foi concluída, os digeridos foram transferidos quantitativamente para balões volumétricos de 25 mL. Os digeridos de tecido vegetal preparados desta forma foram então analisados quanto ao conteúdo total de elementos.

1.3.2. Análise espectroscópica

Foram analisados os teores totais de 21 elementos: (1) elementos macro biogénicos (Ca, K, Na, Mg, e P), (2) elementos que têm a funcionalidade essencial em micro-conteúdos (Ba, Cr, Li, Cu, Fe, Mo, Mn, Sr e Zn), e elementos que são tóxicos mesmo em vestígios (Ag, Al, As, Cd, Ni, Pb e V). Os teores dos elementos foram determinados por espetrometria de emissão atómica com plasma indutivamente acoplado, ICP-AES (Varian, modelo 715-ES, EUA), com aplicação de um nebulizador ultrassónico CETAC (ICP/U-5000AT+) para melhorar a sensibilidade dos teores dos elementos no digerido das plantas. A otimização das técnicas instrumentais é a seguinte: os parâmetros óptimos para o gerador de RF são a frequência de funcionamento de 40,68 MHz e a potência de saída de 1500 W, obtendo-se assim uma estabilidade da potência de saída superior a 0,1%. A otimização do espetrómetro foi feita com base nas recomendações do fabricante. As definições das variáveis do programa foram estabelecidas da seguinte forma: caudal de Ar do plasma 15 L min^{-1} , caudal de Ar auxiliar 1,5 L min^{-1} , caudal de Ar do nebulizador 0,75 L min^{-1} , velocidade da bomba 25 rpm, tempo de estabilização 30 s, tempo de enxaguamento 30 s, atraso da amostra 30 s, número de réplicas para as medições de quantificação - 3 (Quadro 1).

Quadro 1. Instrumentação e condições de funcionamento do sistema ICP-AES

RF Generator	
Operating frequency	40.68 MHz free-running, air-cooled RF generator
Power output of RF generator	700–1700 W in 50 W increments
Power output stability	Better than 0.1%

Introduction Area	
Sample Nebulizer	V- groove
Spray Chamber	Ultrasonic
Peristaltic pump	0-50 rpm
Plasma configuration	Radially viewed

Spectrometer	
Optical Arrangement	Echelle optical design
Polychromator	400 mm focal length
Echelle grating	94.74 lines/mm
Polychromator purge	0.5 L min^{-1}
Megapixel CCD detector	1.12 million pixels
Wavelength coverage	177 nm to 785 nm

Conditions for program			
RFG Power	1.0 kW	Pump speed	25 rpm
Plasma Ar flow rate	15 L min^{-1}	Stabilization time	30 s
Auxiliary Ar flow rate	1.5 L min^{-1}	Rinse time	30 s
Nebulizer Ar flow rate	0.75 L min^{-1}	Sample delay	30 s
Background correction	Fitted	Number of replicates	3

Tabela 2. Limite de deteção (em mg kg^{-1}) e comprimento de onda (WL) para os elementos analisados no ICP-AES

Element	WL, nm	LOD	Element	WL, nm	LOD
Ag	328.1	0.005	K	766.5	5.0
As	188.9	0.01	Li	670.7	0.05
Al	396.1	0.0125	Mg	279.5	0.025
Ba	455.4	0.025	Mn	257.6	0.0015
Ca	370.6	0.025	Na	589.5	2.5
Cd	214.4	0.005	Ni	231.6	0.25
Co	238.9	0.001	Pb	220.3	0.1
Cr	267.7	0.05	Sr	407.7	0.025
Cu	324.7	0.0125	V	292.4	0.05
Fe	238.2	0.006	Zn	213.8	0.003

Além disso, o controlo de qualidade foi assegurado por materiais de referência padrão (musgo como espécie vegetal), tecido vegetal de musgo M2 e M3 (para a espécie vegetal) e JSAC 0401 como material de referência do solo. A diferença entre os valores medidos e certificados para todos os elementos analisados foi satisfatória, situando-se dentro de 10%. O método de adição de padrão interno foi aplicado a todos os elementos medidos e as recuperações de todos os elementos situaram-se no intervalo de 96,6-103%. A sensibilidade do método em relação ao limite inferior de deteção dos teores de elementos no digerido das plantas foi melhorada utilizando um nebulizador ultrassónico: 0,001 mg kg^{-1} para Mn e Li; 0,0125 mg kg^{-1} para Al, Cu; 0,002 mg kg^{-1} para Fe; 0,003 mg kg^{-1} para Zn; 0,005 mg kg^{-1} para Cd; 0,01 mg kg^{-1} para Ag, Mo, V; 0.025 mg kg^{-1} para Ba, Ca, Mg, Sr; 0,05 mg kg^{-1} para Cr; 0,25 mg kg^{-1} para Ni; 0,25 mg kg^{-1} para As, P, Pb; 2,5 mg kg^{-1} para Na; 5 mg kg^{-1} para K (Quadro 2). Os valores para o digerido do solo são maximizados para 10% utilizando um nebulizador padrão.

2.2.4 Tratamento de dados

Para compreender a complexa relação entre as amostras de solo ou de vegetais e os teores de metais, foi utilizada a técnica quimiométrica de análise de componentes principais (ACP) (Kara, 2009 e Yu, 2005). Baseia-se na análise dos valores próprios da matriz de covariância ou de correlação. Cada variável tem uma carga que mostra até que ponto uma variável é tida em conta pelos componentes do modelo. Reflectem o quanto cada variável contribui para a variação significativa dos dados e para interpretar a relação entre as variáveis. Cada amostra tem uma pontuação ao longo de cada componente do modelo, que mostra a localização da amostra neste modelo e pode ser utilizada para detetar padrões, agrupamentos, semelhanças ou diferenças da amostra (Gergen e Harmanescu, 2012).

No software PAST, a rotina PCA encontra os valores próprios e os vectores próprios da matriz de variância-covariância (var-covar) ou da matriz de correlação. A var-covar é utilizada se todas as variáveis forem medidas nas mesmas unidades (por exemplo, concentração em mg kg^{-1}). A correlação (varcovar normalizada) é utilizada se as variáveis forem medidas em unidades diferentes (por exemplo, concentração de metais em mg kg^{-1}); isto implica a normalização de todas as variáveis através da divisão pelos seus desvios-padrão. Os valores próprios dão uma medida da variância contabilizada pelos correspondentes vectores próprios (componentes).

Os valores obtidos para os teores dos elementos investigados foram tratados estatisticamente utilizando estatísticas descritivas básicas. Para a transformação dos dados foi utilizada a transformação Box-Cox (Box e Cox, 1964; Zhang e Zhang, 1996). O método de estatística bivariada foi aplicado para verificar os dados sobre as correlações entre os conteúdos dos elementos. Foram utilizados métodos estatísticos multivariados (análise de componentes principais-PCA e análise de factores-FA) para revelar as associações dos elementos químicos
(Filzmoser et al., 2005; Zibret e Sajn, 2010; Gergen e Harmanescu, 2012). O Fator de Concentração Biológica (BCF) foi calculado como a razão entre a concentração de metais nas raízes das plantas e no solo, conforme indicado por Malik et al. (2010) e Yoon et al. (2006). O Fator de Translocação (TF) foi descrito como o rácio de metais pesados no rebento da planta em relação ao da raiz da planta (Li et al., 2007; Cui et al., 2007). O coeficiente de acumulação biológica (BAC) foi calculado como a razão entre o metal pesado nos rebentos e o metal pesado no solo (Li et al., 2007; Cui et al., 2007; Malik, 2010).

CAPÍTULO 3

RESULTADOS E DISCUSSÃO

3.1. Análise do solo

3.1.1. Caracterização dos teores de metais nos solos

O conteúdo total dos elementos analisados no solo foi analisado com o objetivo de caraterizar a possível poluição do solo e determinar a eficiência de transferência do solo. A distribuição dos macroelementos varia entre as localidades da área investigada, mas os valores medianos estão de acordo com determinados valores europeus (Salminen et al., 2005). Os teores máximos de Ca e P foram obtidos nos terrenos agrícolas da zona urbana (3,5 e 0,2%, respetivamente, Tabela 3a). Os teores máximos de K e Mg foram obtidos nos terrenos agrícolas no ambiente da mina de cobre (2,3 e 1,1%, respetivamente). Esta ocorrência deve-se ao uso intensivo de fertilizantes orgânicos nos terrenos agrícolas rurais. O teor de Al mais enriquecido foi obtido nos arredores da mina de Fe, devido à geoquímica dos minerais do solo (Balabanova et al., 2013). Os valores medianos para os teores totais de As, Cd, Cr, Cu, Fe, Ni, Pb e Zn no solo mostraram que estes elementos são encontrados em teores mais elevados em comparação com os valores médios europeus (Quadro 3a). Assim, os valores médios europeus para As, Cd, Cr, Cu, Fe, Ni, Pb e Zn são 11,6, 0,28, 94,8, 17,3, 38 000, 21,8, 32,6, 68,1 mg kg^{-1} respetivamente, como indicado por Salminen et al. (2005). Comparando estes valores com os respectivos valores obtidos neste estudo, foram calculados os rácios de enriquecimento (ER): ER_{As}=2,5, ER_{Cd}=3,1, ER_{Cu}=4,01, ER_{Ni}=1,33, ER_{Pb}=1,46, ER_{Zn}=1,48. Pode notar-se que não há enriquecimento significativo considerando os teores de Cr e Fe (Salminen et al., 2005). No entanto, os teores totais de Cr quantificados nos terrenos agrícolas podem ser considerados como não contaminados. O teor de ferro mostra um enriquecimento apenas nos terrenos agrícolas no ambiente da mina de Cu, ER_{Fe}=1,13, em comparação com a média europeia para o teor de Fe no solo (Salminen et al., 2005). Apesar dos enriquecimentos detectados, o respetivo nível do seu conteúdo no solo não é considerado tóxico para as plantas, de acordo com Marschner (2002). Tendo em conta este facto, pode concluir-se que os solos agrícolas analisados estão enriquecidos com As, Cd, Cu e Pb. Os valores máximos de Cd

(1,06 mg kg^{-1}) e de Cu (100 mg kg^{-1}) foram obtidos nas amostras de solo das imediações da mina de cobre (assinalados a negrito no Quadro 2a). Os valores máximos de As e Pb foram obtidos a partir de amostras de solo da zona urbana (49 e 84 mg kg^{-1} , respetivamente). No mesmo terreno agrícola, o conteúdo de Zn mineral nutritivo atinge 181 mg kg^{-1} (Tabela 3a). Para quase todos os elementos analisados não foram detectadas variações significativas entre os teores totais no solo amostrado no local 2 e no local 3.

Podem ser estimados diferentes níveis de disponibilidade em função do poder de extração do reagente de extração utilizado. Foram identificadas variações muito baixas entre as soluções de extração para o Cd, o Cr e o Ni. Verificou-se que 1,6% do arsénio foi extraído utilizando 0,1 mol L^{-1} HCl, variando entre 0,07 mg kg^{-1} na área de referência (Local 3) e 0,35 mg kg^{-1} no solo agrícola da área urbana - Local 4 (Quadro 3b). O reagente sequestrante foi muito mais eficaz no caso do Cu e do Pb (teores extraídos de 12,4% e 3,6%, respetivamente), conforme apresentado na Tabela 3b. Apesar dos valores medianos para os teores de extração de Zn, a extração máxima foi obtida utilizando o reagente sequestrante no local 4 (solo da zona urbana). Este facto deve-se provavelmente ao enriquecimento em Cd-Pb-Zn do solo agrícola urbano. Foram obtidos resultados semelhantes para a extração de Fe com H_2O e com DTPA-CaCl2-TEA, em que a eficiência não foi significativa (<1%). O reagente ácido (0,1 mol L^{-1} HCl) é um agente de extração muito eficaz no caso do Ba, Ca, K, Mg, Mn e P. Por conseguinte, os elementos nutritivos são extraídos principalmente a valores de pH mais baixos, sem variações significativas entre os locais de amostragem (Quadro 3a e 3b, Figura 2a e Figura 2b).

Tabela 3a. Teor total de elementos nas amostras de solo (valores indicados em mg kg)$^{-1}$

Element	Copper mine environ (site 1)	Former iron mine environ (site 2)	Reference area (site 3)	Urban area (site 4)
Ag	0.47	0.76	0.46	1.09
Al	58992	61061	59467	59643
As	26.9	23.4	18.9	48.7
Ba	311	403	343	437
Ca	22677	20447	21954	35394
Cd	1.06	0.96	0.86	0.59
Cr	63.6	41.9	55.8	54.2
Cu	100	63.7	34.3	79.0
Fe	43025	32629	32646	31242
K	23716	19805	16173	20290
Li	7.79	5.70	7.74	9.81
Mg	10676	6583	8956	8629
Mn	521	577	575	567
Mo	4.0	3.2	2.8	2.5
Na	8582	9248	8506	7956
Ni	19.6	39.0	23.9	34.0
P	1385	931	995	2184
Pb	24.4	44.8	36.8	83.9
V	93.8	72.2	82.7	67.9
Zn	78.8	72.9	73.2	181

Tabela 3b. Teor de elementos disponíveis nas amostras de solo (valores indicados em mg kg)$^{-1}$

Element	Extraction in H_2O	Extraction in 0.1 mol L^{-1} HCl	Extraction in DTPA–$CaCl_2$–TEA
Ag	<0.01	0.02±0.01	<0.01
Al	23.9±16.5	62.9±46.2	0.78 ±0.88
As	<0.25	<0.25	<0.25
Ba	0.18±0.05	10.9±5.81	0.71±0.40
Ca	104±47.7	3421±430	1222±197
Cd	0.01±0.001	0.05±0.03	0.05±0.03
Cr	0.04±0.02	0.06±0.03	0.01±0.003
Cu	0.30±0.06	1.57±1.97	8.60±6.65
Fe	4.43±4.84	27.9±18.1	28.0±33.4
K	56.2±15.6	155±47.2	81.6±26.6
Li	0.01±0.004	0.04±0.006	0.006±0.005
Mg	21.7±6.15	305±79.6	103±28.7
Mn	0.47±0.31	44.4±28.5	10.6±2.82
Mo	0.04±0.04	0.04±0.02	0.03±0.03
Na	6.91±4.67	9.73±5.94	6.06±5.35
Ni	0.18±0.05	0.84±0.54	0.55±0.22
P	16.6±3.75	177±24.8	5.19±1.41
Pb	0.25±0.07	0.38±0.26	1.71±1.15
V	0.08±0.03	0.10±0.08	0.06±0.04
Zn	0.28±0.11	6.02±5.34	5.02±5.10

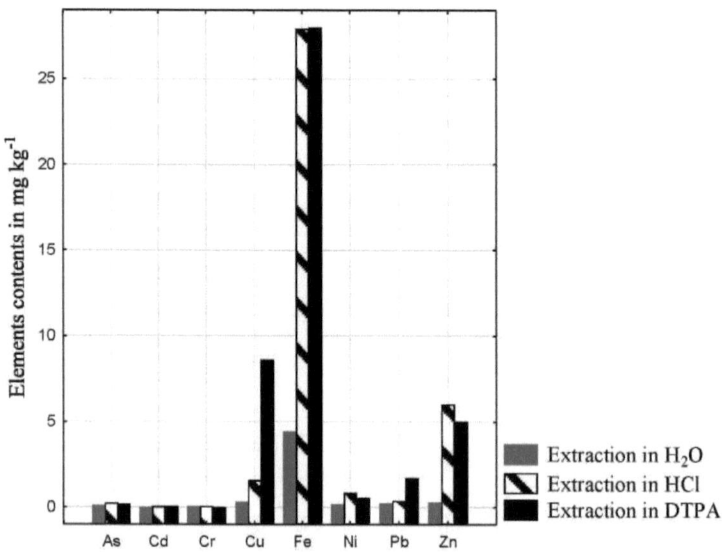

Figura 2a. Gráfico de barras para o teor disponível de elementos potencialmente tóxicos no solo

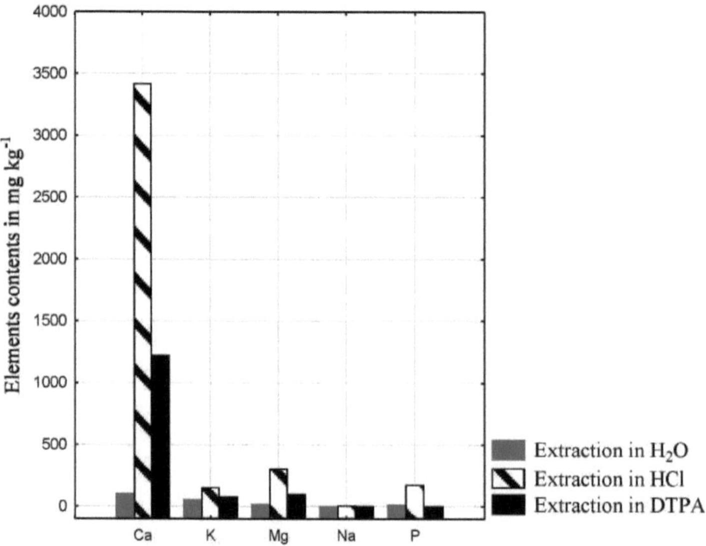

Figura 2b. Gráfico de barras para o teor disponível de macro-elementos no solo

3.1.2 Estatísticas de componentes multivariadas

Os dados obtidos para o conteúdo dos elementos foram processados utilizando estatísticas de componentes multivariadas (Quadro 4, Figura 3a e Figura 3b). As pontuações das cargas de PC1 e PC2 são apresentadas na Tabela 4 e na Figura 3a. Na Figura 3b é apresentado o bi-plot da análise de componentes principais para os teores de metais no solo, o seu poder de extração e a dependência do local de amostragem. Foram assumidos dois componentes principais (Fator 1 e Fator 2) com uma variação total de 86%. Os dois componentes podem separar bem os elementos antropogénicos (causados pelas actividades mineiras) e litogénicos. Os elementos antropogénicos (As, Cd, Cu, Pb, Zn), incluindo Ca, Mg, Ba e Mn como naturalmente enriquecidos, estão incluídos no fator 2, que se correlaciona positivamente com DTPA-TEA-CaCl2 e HCl como agentes de extração. Os teores mais elevados destes metais são caraterísticos das amostras de solo dos locais 1 e 2, tal como referido anteriormente (Balabanova et al., 2013). Estes elementos estão agrupados no lado positivo do gráfico PCA (Figura 3). Por outro lado, os elementos litogénicos típicos como Al, Ag, Cr, Fe, Mo, Li, V e P-K, naturalmente enriquecidos, estão incluídos no fator 1, em relação ao qual foram estabelecidas pontuações positivas para os teores totais, apesar da extractibilidade da água (Figura 3). Pode resumir-se que tanto os elementos antropogénicos como os litogénicos não são extraídos em solução aquosa, o que significa que os seus teores mais elevados serão muito dificilmente reduzidos pela água da chuva ou pela rega dos terrenos agrícolas. Recomenda-se que a disponibilidade potencial de metais perigosos em áreas urbanas e mineiras seja examinada utilizando DTPA-TEA- CaCl2 (para áreas urbanas) e HCl (para áreas de minas de cobre).

Tabela 4. Pontuações de carga para os componentes principais PC1 e PC2 (valores transformados de Box-Cox, n=16)

Soil sample (available contents)	PC 1	PC 2
S-1 H_2O	-62.4	-39.5
S-2 H_2O	-77.0	-45.2
S-3 H_2O	-62.5	-50.2
S-4 H_2O	-91.3	-32.3
S-1 HCl	-0.42	**17.8**
S-2 HCl	-1.11	**24.2**
S-3 HCl	-26.0	**23.6**
S-4 HCl	-92.6	**45.1**
S-1 DTPA-$CaCl_2$-TEA	-64.7	**0.43**
S-2 DTPA-$CaCl_2$-TEA	-67.6	**19.0**
S-3 DTPA-$CaCl_2$-TEA	-7.87	**16.5**
S-4 DTPA-$CaCl_2$-TEA	-48.4	**31.4**
S-1-Total	**17.1**	-0.49
S-2-Total	**16.9**	-0.42
S-3-Total	**16.9**	-0.55
S-4-Total	**17.7**	-0.001

Valores a negrito - indicam cargas factoriais dominantes para as componentes principais; 1 -localidade ambiente da mina de Cu; 2 - localidade ambiente da antiga mina de Fe; 3 - área de referência; 4 - área urbana

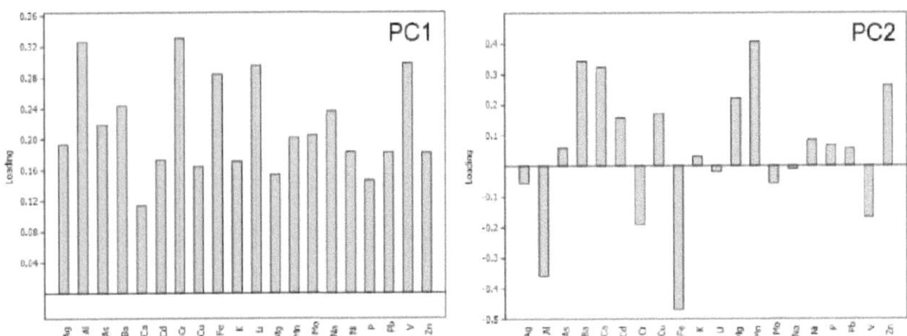

Figura 3a. Pontuações de carga de PC1 e PC2 para o modelo de solo PCA 1 (valores transformados BoxCox)

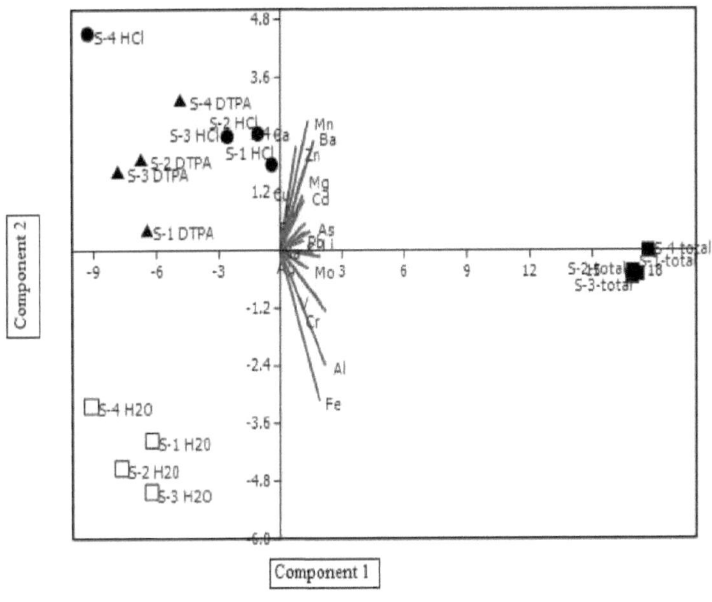

Figura 3b. Gráfico de dispersão para PCA1 para amostras de solo, para teores extraíveis e totais, valores transformados Box-Cox

3.2. Análise da alimentação vegetal autoflorescente (matriz de dados para R. acetosa S. olcracea e U. dioica)

3.2.1. **Caracterização dos teores de metais - Estatísticas descritivas básicas**

Foram utilizados valores de intervalo e mediana para apresentar os dados sobre os teores de elementos nas espécies vegetais (Tabelas 5a, 5b e 5c). Os valores apresentados foram calculados para as amostras secas ao ar, enquanto a fração de humidade varia entre 62,5-93%. Os teores de elementos foram analisados separadamente nas partes vegetais comestíveis (rebentos) e na raiz. Os macroelementos essenciais (Ca, K, Mg e P) variam nos seus teores em comparação com o rebento e a raiz. Por exemplo, os teores de potássio são mais elevados em S. oleracea (~3 %). O valor máximo do teor de cálcio foi obtido no rebento de U. dioica (2,1 %) em comparação com R. acetosa e S. oleracea (0,37 e 0,4 %, respetivamente). O conteúdo de fósforo mostra uma variabilidade muito baixa entre rebentos/raízes e entre as espécies vegetais analisadas. O conteúdo dos oligoelementos essenciais (Cu, Fe, Mn, Mo e Zn) mostra níveis mais elevados do que os normalmente encontrados Balabanova et al. 2010, 2012, 2013). A necessidade essencial de Cu do tecido vegetal é de ~0,9 mg kg^{-1} (Marschner, 2002). No entanto, o conteúdo de cobre determinado no presente estudo é enriquecido para 32 mg kg^{-1} no rebento de U. dioica (amostra recolhida muito perto da mina de cobre). O teor essencial de Fe para o tecido vegetal é de 18 mg kg^{-1} (Marschner, 2002). O teor de ferro determinado varia entre a acumulação de rebentos/raízes e entre as espécies. O teor mais elevado de Fe foi obtido para a raiz de U. dioica (892 mg kg^{-1} no local de referência), acompanhado por um teor mais elevado no rebento (204 mg kg^{-1}). Assim, pode considerar-se que o teor de Fe não depende dos enriquecimentos antropogénicos no ambiente das minas. O teor de manganês, geralmente requerido como cofator em funções enzimáticas (2,3 mg kg^{-1}), ocorre em teores mais elevados nos vegetais analisados, sem variações significativas (variando entre 6,9-77 mg kg^{-1}). Os valores máximos de Mn foram obtidos nos rebentos de U. dioica e S. oleracea. O molibdénio, como oligoelemento essencial, requerido na quantidade de 0,045 mg kg^{-1} como indicado por Gunduz et al. (2012), não ocorre em teores mais elevados (variando de 0,03-1,65 mg kg^{-1}). O zinco, como um dos oligoelementos essenciais mais caraterísticos, é omnipresente e necessário para várias enzimas, como a carboxil peptidase, a álcool desidrogenase hepática e a anidrase carbónica, com necessidades nominais de 11 mg kg^{-1} (Marschner, 2012). Registou-se uma acumulação enriquecida de Zn nos vegetais, variando entre 12,4-167 mg kg^{-1} . O teor máximo de Zn foi obtido na raiz de U. dioica do local 2. Os outros oligoelementos (As, Cd, Cr e Pb) em teores mais elevados podem produzir efeitos tóxicos nos vegetais ou efeitos negativos nos seres humanos que os consomem como alimento. No que diz respeito ao arsénio, metade dos valores encontrados estavam abaixo do limite de deteção, para as três espécies vegetais. Apenas na zona urbana o teor de arsénio foi considerado potencialmente perigoso (0,21-0,34 mg kg^{-1}), especialmente na raiz de U. dioica e na raiz e rebento de R. acetosa. Os valores máximos permitidos para o teor de Cd e Pb em produtos hortícolas frescos são regulados por normas estabelecidas na República da Macedónia, considerando 0,2 e 0,3 mg kg^{-1} , respetivamente, como os teores máximos permitidos (Jornal Oficial da República da Macedónia, 2005). Foram obtidos valores mais elevados para os teores de Cd na U. dioica e na R. acetosa a partir da localização urbana. O valor máximo para o teor de Cd foi obtido a partir da raiz de S. oleracea (0,34 mg kg^{-1} , valores para a fração de massa seca) na zona urbana. No entanto, o teor de Cd nestas espécies, incluindo a fração de massa húmida, atenua a situação, porque o valor obtido foi inferior a 0,3 mg kg^{-1} . O chumbo também foi analisado como um metal potencialmente tóxico, devido ao enriquecimento antropogénico do cobre na área investigada, tal como considerado anteriormente (Balabanova et al., 2010, 2012). Os valores dos teores de Pb variam entre 0,4 e 2 mg kg^{-1} para a massa seca, enquanto para a matéria fresca (incluindo a massa da fração de humidade) variam entre 0,05 e 0,41 mg kg^{-1} , apontando para uma contaminação parcial (teores máximos permitidos - 0,3 mg kg^{-1} na matéria fresca). Foram obtidos teores perigosos de Pb em U. dioica e R. acetosa. O valor máximo para o teor de Pb (0,41 mg kg^{-1}) foi obtido no ambiente da antiga mina de Fe (local 2) na raiz de R. acetosa, enquanto no que diz respeito ao rebento e à raiz do rebento e da raiz de U. dioica, foram obtidos valores mais elevados no ambiente da mina de Cu e na zona urbana. Os teores de Cr variam entre 0,13 mg kg^{-1} e 2,29 mg kg^{-1} . No entanto, a absorção de crómio inorgânico é bastante baixa, ou seja, 1-2% do conteúdo disponível no solo. Os teores de Cu situavam-se na gama de 6,33-32 mg kg^{-1} (para os legumes secos). Considerando a mina de Cu no sítio-1, o valor máximo para o teor de Cu foi obtido a partir da raiz de U. dioica (8,65 mg kg^{-1} para tecido vegetal fresco). Não existe um valor permitido estabelecido para o Cu, mas, em comparação com o teor de Cu na U. dioica da zona de referência (7,45 mg kg^{-1}), verifica-se um ligeiro enriquecimento. Foram estabelecidos enriquecimentos significativos para o teor de Fe nos tecidos vegetais das raízes de R. acetosa < S. oleracea < U. dioica. No entanto, esta ocorrência era esperada, especialmente em relação ao local (2), onde se encontra uma antiga mina de Fe. A análise do solo revelou teores de Fe de ~3%. Relativamente aos restantes elementos, não existe uma variação significativa nos teores de metais entre as espécies vegetais e os locais de amostragem.

Tabela 5a. Estatísticas básicas para os teores de elementos em rebentos e raízes de espécies vegetais (teores indicados em mg kg^{-1} de matéria seca)

| | *Rumex acetosa* | | | |
| | Shoot | | Root | |
Element	Range	Median	Range	Median
Ag	0.01-0.47	0.15	0.005-0.11	0.037
Al	18.8-293	55.8	174-406	328
As	<0.25-0.94	<0.25	<0.25-1.18	0.76
Ba	1.38-11.0	3.49	8.36-14.2	10.7
Ca	2405-5251	3777	4073-13523	5526
Cd	0.03-0.07	0.039	0.05-0.09	0.053
Cr	0.13-0.60	0.22	0.41-0.74	0.66
Cu	6.54-11.4	8.07	6.33-23.6	12.9
Fe	56.0-218	79.2	211-424	238
K	18945-30910	21751	5640-10711	8493
Li	0.06-0.31	0.081	0.15-0.22	0.18
Mg	1166-1783	1521	1051-1594	1192
Mn	11.3-30.3	17.7	6.89-16.5	11.5
Mo	0.33-1.24	0.76	0.27-1.65	0.57
Na	60.4-99.0	77.8	76.7-354	214
Ni	0.51-1.93	0.77	0.49-3.10	1.55
P	1540-3995	1927	1041-1766	1418
Pb	0.56-0.96	0.70	0.32-1.83	0.65
Sr	2.02-9.39	4.16	25.1-33.1	30.9
V	0.03-0.45	0.091	2.04-4.11	2.91
Zn	18.6-29.3	23.3	15.0-31.8	23.7

Tabela 5b. Estatísticas básicas para os teores de elementos em rebentos e raízes de espécies vegetais (teores indicados em mg kg^{-1} de matéria seca)

Element	*Urtica dioica* Shoot Range	Median	Root Range	Median
Ag	0.011-0.35	0.091	0.029-0.17	0.058
Al	76.0-386	223	214-1396	494
As	<0.25-0.90	<0.25	0.53-0.94	0.89
Ba	1.80-23.4	13.2	3.47-21.9	10.6
Ca	17689-26850	21763	4188-8798	4773
Cd	0.01-0.03	0.01	0.02-0.11	0.08
Cr	0.22-0.78	0.40	0.73-2.29	1.01
Cu	10.6-32.4	15.3	7.1-24.0	10.0
Fe	80.1-240	154	204-892	459
K	10292-17683	14800	9208-12105	10181
Li	0.040-0.37	0.17	0.08-0.88	0.31
Mg	866-1453	1237	393-1000	809
Mn	16.5-77.7	23.8	18.1-48.4	31.4
Mo	0.54-2.05	1.26	0.03-0.50	0.09
Na	40.0-88.2	53.7	42.5-176	125
Ni	1.45-1.67	1.51	0.89-3.78	3.32
P	2081-3275	2506	1906-2492	2225
Pb	0.40-0.98	0.65	0.86-1.69	1.24
Sr	15.0-92.8	51.3	10.8-40.1	25.0
V	0.10-0.57	0.32	1.27-3.65	1.93
Zn	12.9-36.2	15.4	12.4-167	20.9

Tabela 5c. Estatísticas básicas para os teores de elementos em rebentos e raízes de espécies vegetais (teores indicados em mg kg⁻¹ de matéria seca)

| | *Spinacia oleracea* | | | |
| | Shoot | | Root | |
Element	Range	Median	Range	Median
Ag	0.01-0.16	0.08	0.01-1.17	0.04
Al	93.3-259	172	163-466	308
As	<0.25-0.76	0.44	<0.25-0.40	<0.25
Ba	2.21-11.4	4.40	5.37-19.1	9.90
Ca	3252-9099	4049	2283-3863	2819
Cd	0.06-0.26	0.13	0.09-0.34	0.17
Cr	0.27-0.88	0.49	0.38-1.63	0.83
Cu	6.41-9.66	7.74	3.80-7.48	6.45
Fe	102-253	133	142-368	272
K	30197-38421	30809	19233-25846	21854
Li	0.089-0.35	0.13	0.14-0.30	0.20
Mg	1680	1396	1058-1387	1237
Mn	12.0-70.1	23.3	10.8-33.9	19.9
Mo	0.089-0.84	0.51	0.05-0.37	0.15
Na	31.0-837	82.1	64.3-861	314
Ni	0.64-3.09	1.45	0.85-3.06	1.84
P	1962-3305	2810	2833-4507	3198
Pb	0.59-0.97	0.68	0.45-0.83	0.76
Sr	6.88-20.5	14.2	19.2-22.4	21.3
V	0.15-0.55	0.32	0.49-1.27	0.95
Zn	39.7-66.5	56.8	26.2-32.3	28.6

3.2.2. Correlações entre metais e associações de elementos

As correlações entre os teores dos elementos nos legumes investigados foram estabelecidas utilizando estatísticas bivariadas. As correlações significativas (a 99% e 95%) estão assinaladas no Quadro 6. As correlações de Fe-Al (r=0,95), Fe-Cr (r=0,91), Cr-Al (0,92) foram selecionadas como relações significativas para a acumulação de elementos litogénicos. O impacto litogénico da região está relacionado com o flysch e a molase do Eocénico, bem como com o impacto da formação mais antiga: Sedimentos pleistocénicos e gnaisses proterozóicos, como indicado por Balabanova et al. (2010) e Stafilov et al. (2010). A correlação Cu- Cd baseia-se na influência antropogénica da mina de cobre, tal como foi encontrado anteriormente utilizando espécies de plantas de musgo e líquenes como meios de amostragem (Balabanova et al., 2010, 2012). O método de processamento de dados multivariados também foi aplicado para reduzir e otimizar a numerosa matriz de dados. A análise fatorial foi utilizada para minimizar a distribuição dos elementos. Utilizando o rastreio de valores motores na correlação de dados (>1,00), a distribuição foi reduzida a dois factores (associações de elementos). A matriz das cargas dos factores é apresentada no Quadro 7. As associações de elementos dependem das suas origens geogénicas e antropogénicas. Foram identificados dois componentes significativos: F1 (Ag-Al-As-Ba-Cr-Fe-Li-Mg-Mn-Ni-V) e F2 (Ca-Cd-Cu-K-P-Mo-Na-Pb-Zn), como indicado na Tabela 6. Foram analisadas as correlações dos teores de elementos em diferentes partes da planta (rebento e raiz). Os padrões dos factores também foram examinados para verificar a possível correlação com as associações de factores dos elementos (Quadro 8). A R. *acetosa* correlaciona-se significativamente com a associação F1, o que significa que esta espécie apresenta afinidade por elementos geogénicos. Por outro lado, *U. dioica* e *S. oleracea* diferem nas suas correlações factoriais, principalmente em função das condições ambientais, o que significa que não ocorre uma acumulação específica (Quadro 8). Considerando os locais de amostragem, para os locais 1 e 2, a maioria dos padrões de carga tem significância para o Fator 1, enquanto os legumes e ervas aromáticas recolhidos na zona urbana (local 4) têm significância para o Fator 2. As amostras recolhidas na área de referência (local 3) diferem entre F1 e F2 (Tabela 8).

	Al	Ba	Ca	Cd	Cr	Cu	Fe	K	Li	Mo	Ni	Pb	Sr	V	Zn
Al	1.00														
Ba	0.74[a]	1.00													
Ca	0.20	0.27	1.00												
Cd	0.26	0.08	-0.50[b]	1.00											
Cr	0.92[a]	0.58[a]	0.06	0.48	1.00										
Cu	0.03	0.14	0.53[a]	-0.66[a]	-0.16	1.00									
Fe	0.95[a]	0.66[a]	0.07	0.33	0.91[a]	0.10	1.00								
K	-0.42[b]	-0.36	-0.39	0.37	-0.32	-0.47[b]	-0.45[b]	1.00							
Li	0.86[a]	0.72[a]	0.16	0.30	0.83[a]	0.06	0.81[a]	-0.19	1.00						
Mo	-0.47[b]	-0.39	0.44[b]	-0.51[b]	-0.54[a]	0.55[a]	-0.42[b]	-0.02	-0.34	1.00					
Ni	0.47[b]	0.33	0.10	0.38	0.52[a]	0.01	0.56[a]	-0.15	0.33	-0.29	1.00				
Pb	0.62[a]	0.38	-0.06	0.29	0.64[a]	0.01	0.64[a]	-0.27	0.53[a]	-0.37	0.59[a]	1.00			
Sr	0.64[a]	0.81[a]	0.61[a]	-0.12	0.49[b]	0.33	0.53[a]	-0.49	0.57[a]	-0.09	0.28	0.25	1.00		
V	0.83[a]	0.59[a]	0.07	0.28	0.78[a]	0.08	0.88[a]	-0.66[a]	0.62[a]	-0.38	0.43[b]	0.50[b]	0.52[a]	1.00	
Zn	-0.28	-0.54[a]	-0.31	0.56[a]	-0.06	-0.29	-0.16	0.40	-0.32	-0.02	0.26	0.08	-0.45[b]	-0.15	1.00
	Al	**Ba**	**Ca**	**Cd**	**Cr**	**Cu**	**Fe**	**K**	**Li**	**Mo**	**Ni**	**Pb**	**Sr**	**V**	**Zn**

Tabela 6. Matriz dos coeficientes de correlação

[a]Correlações (valores transformados Box-Cox), as correlações assinaladas são significativas a p <0,01000.
[b]Correlações (valores transformados Box-Cox), as correlações assinaladas são significativas a p <0,05000.

Tabela 7. Cargas factoriais para os conteúdos dos elementos (F>0,50)

	F1	F2	Initial communality	Final communality	Specific variance
Ag	**-0.076**	0.058	0.844	0.009	0.991
Al	**0.955**	0.090	0.990	0.919	0.081
As	**0.392**	-0.234	0.852	0.209	0.791
Ba	**0.683**	-0.309	0.990	0.562	0.438
Ca	0.119	**-0.688**	0.964	0.487	0.513
Cd	0.122	**0.787**	0.989	0.635	0.365
Cr	**0.882**	0.380	0.982	0.923	0.077
Cu	0.155	**-0.680**	0.917	0.486	0.514
Fe	**0.934**	0.121	0.988	0.887	0.113
K	-0.486	**0.507**	0.946	0.493	0.507
Li	**0.860**	0.070	0.986	0.745	0.255
Mg	**-0.223**	0.028	0.977	0.051	0.949
Mn	**0.127**	0.124	0.878	0.031	0.969
Mo	-0.336	**-0.514**	0.955	0.378	0.622
Na	0.071	**0.430**	0.954	0.190	0.810
Ni	**0.516**	0.293	0.906	0.352	0.648
P	-0.219	**0.400**	0.937	0.207	0.793
Pb	0.165	**0.662**	0.959	0.465	0.535
V	**0.700**	-0.043	0.883	0.492	0.508
Zn	-0.108	**0.323**	0.972	0.116	0.884

F1, F2 - cargas dos factores, os valores a negrito correspondem, para cada variável, ao fator para o qual o cosseno quadrático é o maior (valores transformados Box-Cox)

Tabela 8. Cargas factoriais para as espécies vegetais em relação aos factores obtidos para as associações de elementos

Code	Plant species	Plant part	F1	F2
RA 1	*Rumex acetosa*	shoot	**-1.120**	-0.171
	Rumex acetosa	root	-0.398	**1.489**
UD 1	*Urtica dioica*	shoot	-1.129	**0.945**
	Urtica dioica	root	**1.226**	0.483
SO 1	*Spinacia oleracea*	shoot	**-1.044**	-0.712
	Spinacia oleracea	root	**-0.608**	-0.593
RA 2	*Rumex acetosa*	shoot	**-1.170**	-0.100
	Rumex acetosa	root	**0.864**	0.171
UD 2	*Urtica dioica*	shoot	**-1.154**	0.392
	Urtica dioica	root	0.427	**-0.799**
SO 2	*Spinacia oleracea*	shoot	-0.255	**-0.834**
	Spinacia oleracea	root	0.225	**-0.698**
RA 3	*Rumex acetosa*	shoot	**-1.250**	-0.382
	Rumex acetosa	root	**0.237**	0.290
UD 3	*Urtica dioica*	shoot	0.024	**2.142**
	Urtica dioica	root	**3.410**	0.230
SO 3	*Spinacia oleracea*	shoot	**-0.410**	-0.765
	Spinacia oleracea	root	0.434	**-0.798**
RA 4	*Rumex acetosa*	shoot	-0.087	**-0.208**
	Rumex acetosa	root	0.212	**1.039**
UD 4	*Urtica dioica*	shoot	0.208	**1.969**
	Urtica dioica	root	**0.426**	0.426
SO 4	*Spinacia oleracea*	shoot	0.085	**-1.371**
	Spinacia oleracea	root	0.848	**-2.145**

Os valores a negrito correspondem, para cada observação, ao fator para o qual o cosseno quadrático é maior; RA - Rumex acetosa, UD - Urtica dioica, SO - Spinacia oleracea, Sítio 1
- ambiente de mina de cobre
e Sítio 2 - ambiente de antiga mina de ferro; Sítio 3 - área de referência,
área
não contaminada
. Sítio 4 - zona urbana

O gráfico de ecrã e as cargas de PC para o modelo PCA2 - planta são apresentados na Figura 4. É óbvio, a partir deste modelo, que os dois primeiros PCs explicam apenas 64,4% da variância. Os dois factores podem separar bem as três espécies de legumes/herbáceas em relação à sua acumulação de elementos. A espécie R. acetosa ocupa uma zona fortemente correlacionada com teores mais elevados de Na e Mo; existem certos fenómenos naturais que controlam a tendência específica da sua acumulação. O primeiro quartil no gráfico PCA confirma as tendências específicas na correlação da acumulação de Cd e Zn da azeda em áreas urbanas (Figura 5). As espécies Spinacia oleracea estão principalmente correlacionadas com teores mais elevados de Zn e Cd, tal como indicado anteriormente no Quadro 5c, as correlações significativas Cd-Zn (0,56). A urtiga comum (U. dioica) mostra uma especificidade particular para a acumulação de certos elementos. Alguns dos elementos litogénicos como o Al, Cr, Li, Mn, Sr e V apresentam uma correlação específica com a acumulação de U. dioica. As amostras de S. oleracea e U. dioica recolhidas na antiga área da mina de Fe (sítio 2) caracterizam-se por uma acumulação específica de Ag, As, Ba e Ni. Este facto deve-se certamente à geologia da zona e à capacidade específica destas espécies para acumular os respectivos teores, apesar de os seus teores no solo serem mais baixos.

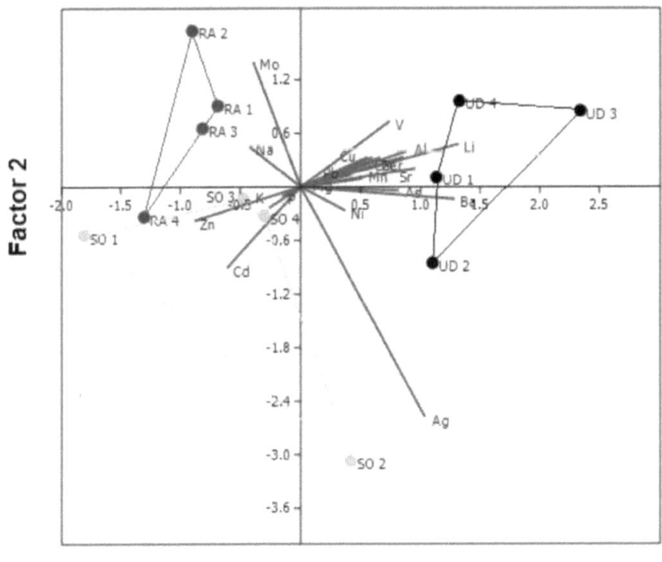

Factor 1

Figura 4. Componentes principais de espécies vegetais e seus teores de elementos
RA-Rumex acetosa; UD-Urtica dioica; SO-Spinacia oleracea; Sítios 1 e 2 - zonas poluídas; Sítio 4 - zona urbana; Sítio 3 - zona de controlo, zona não contaminada

3.2.3. **Biodisponibilidade e translocação de metais em** R. acetosa, S. oleracea e U. dioica

Os valores do fator de translocação (TF), do fator de bioconcentração (BCF) e do fator de bioacumulação (BAF) > 1 foram utilizados para avaliar o potencial das espécies vegetais para a fitoextracção e a fitoestabilização de metais no solo (Marschner, 2002; Manara, 2012). Foram construídas matrizes de dados para os rácios mencionados (Tabelas 9a, 9b e 9c). Para os elementos macro biogénicos, os valores de TF foram da ordem de K>P>Mg>Na>Ca para *R. acetosa*. Para *S. Oleracea* e *U. dioica* aplica-se a seguinte ordem Ca>K>Mg>P>Na. Em relação aos elementos litogénicos, não há variações significativas nos valores de TF entre as três espécies de plantas: Al (0,11-0,92); Ba (0,15-1,87); Cr (0,21-0,87); Li (0,34-1,86); Ni (0,16-1,76) e V (0,01-0,45). Para o molibdénio foram obtidos valores mais elevados de TF, variando entre 0,75-9,47, com destaque para a U. dioica. Para o cobre, como principal elemento antropogénico na área investigada, foram obtidos valores significativos de TF: para R. acetosa variando de 0,48-1,30; para U. dioica de 1,12 a 4,56; e para S. oleracea de 1,04 a 1,68. Para os teores de Cd em R. acetosa e S. oleracea, foram obtidos valores de TF semelhantes nos quatro locais. A Urtica dioica varia no TF para o Cd, com um valor significativo (1,83) obtido na área urbana. O fator de translocação para o Pb foi mais elevado na R. acetosa como espécie vegetal (2,12), considerando o local como o mais poluído pela mina de Cu, onde o As, Cd, Pb e Zn foram encontrados em teores mais elevados no solo. Considerando isso, os valores de TF para quase todos os elementos analisados estão na faixa de 0,1 a 9,5. A translocação mais elevada destes metais da raiz para o rebento indica que estas plantas têm caraterísticas vitais para serem utilizadas para a fitoextracção destes metais, tal como indicado por Ghosh e Singh (2005). De acordo com Marschner (2002) e Overesch et al. (2007), R. acetosa tem a maior eficiência de translocação para Ni e Cr. No presente estudo, a R. acetosa apresentou valores mais elevados de TF para Cd, Cu, Ni e Pb. Assim, esta espécie pode ter potencial para ser utilizada para a fitoextracção dos metais mencionados em áreas potencialmente poluídas. A Urtica dioica mostrou potencial para ser utilizada para fitoextracção apenas para o Cu, mas não apresentou grande potencial específico para o Pb, tal como previamente investigado por Gunduz et al., (2012).

O fator de bioacumulação (BAF) das espécies de plantas estudadas estava na faixa inferior (<1) para quase todos os metais analisados (Tabela 9b). Os elementos macro-biogénicos para as três espécies tiveram valores significativos de BAF; para Ca na gama de 0,11-1,17, para K: 0,75-1,91, para Mg: 0,11-0,33, e para o P: 0,71-2,99). Os factores de bioacumulação para o Cu e o Zn situam-se na gama de 0,10 a 0,94 e 0,10 a 0,84, respetivamente. Para os outros metais potencialmente perigosos, como o As, o Cd e o Pb, os rácios de bioacumulação variaram entre <0,01-0,06; <0,01-0,43 e 0,01-0,03, respetivamente. Os valores máximos de BAF_{Cd} e BAF_{As} para todas as espécies de plantas foram obtidos na área urbana (sítio 4). Embora a razão entre os teores de metais na raiz/solo para Cu, Ni e Pb varie, não foram estabelecidas variações específicas relacionadas com o local de amostragem.

A razão raiz/solo (fator de bioconcentração - BCF) foi utilizada para a qualificação de espécies vegetais para a fitoestabilização de solos contaminados. Relativamente às razões de bioconcentração, para a maioria dos elementos foram obtidos valores inferiores a 1 (Tabela 9c). Os valores de BCF no intervalo de 0,1-0,50 (como fitoestabilização potencial) e valores de 0,5-1,0 (como fitoestabilização parcial) não devem ser negligenciados. Os valores do FBC para o Cu situaram-se na gama de 0,10-0,24, para o Zn na gama de 0,072,30 (o valor máximo foi obtido para a U. dioica no local 2). Para o Cd, foi obtido um valor de BCF de 0,57 para a S. oleracea e para o Cr um valor de BCF de 0,42 para a R. acetosa na zona urbana. Apesar dos metais pesados, S. oleracea apresenta valores de FBC mais elevados para K e P (1,60 e 3,56, respetivamente), o que significa que a partir de solos que são fertilizados sem controlo, podem ser fitoestabilizados teores mais elevados de P e K.

Tabela 9a. Valores do fator de translocação (TF)

Element	R. acetosa				U. dioica				S. oleracea			
Site	1	2	3	4	1	2	3	4	1	2	3	4
Ag	2.05	0.34	6.2	1.07	7	0.05	3.66	1.16	2.33	0.03	0.32	1.61
Al	0.11	0.17	0.11	0.92	0.22	0.35	0.23	0.81	0.57	0.38	0.55	0.72
As	0.92	0.49	**1.05**	0.21	0.26	0.58	0.29	0.98	**1.01**	**2.56**	0.62	**3.04**
Ba	0.15	0.21	0.43	0.77	0.61	0.52	**1.07**	**1.87**	0.41	0.6	0.28	0.67
Ca	0.18	0.63	**1.05**	0.9	**3.49**	**4.22**	**2.93**	**6.03**	**1.56**	**1.5**	**1.23**	**2.36**
Cd	0.61	0.36	0.9	**1.35**	0.07	0.05	0.05	**1.83**	0.68	**1.05**	0.59	0.75
Cr	0.43	0.35	0.21	0.87	0.21	0.31	0.25	0.81	0.71	0.46	0.67	0.54
Cu	0.48	0.5	**1.03**	0.75	**1.18**	**1.12**	**4.56**	**1.14**	**1.35**	**1.04**	**1.29**	**1.68**
Fe	0.26	0.23	0.23	1.03	0.17	0.39	0.23	0.8	0.72	0.4	0.69	0.59
K	**2.85**	**2.01**	**2.89**	**3.9**	**1.46**	**1.66**	**1.34**	**1.06**	**1.59**	**1.32**	**1.17**	**1.89**
Li	0.66	0.29	0.34	**1.86**	0.26	0.51	0.42	0.97	0.73	0.53	0.53	**1.5**
Mg	0.91	**1.07**	**1.21**	**1.7**	**1.68**	**1.84**	0.76	0.83	**1.09**	**1.42**	0.86	**1.3**
Mn	0.88	**1.43**	**1.72**	**2.98**	**1.6**	**1.54**	0.38	0.98	**1.11**	**1.13**	**1.2**	**2.06**
Mo	0.75	**1.39**	**1.13**	**1.23**	**4.06**	**9.47**	**1.3**	**5.01**	**1.52**	**1.57**	**1.93**	**3.71**
Na	0.21	0.27	0.75	0.79	0.56	0.94	0.32	0.56	0.25	0.59	0.24	0.97
Ni	0.57	0.16	0.41	**3.94**	0.49	0.44	0.46	**1.76**	0.75	**1.28**	**1.11**	0.48
P	**3.84**	**1.04**	**1.18**	**1.38**	**1.12**	**1.72**	**1.03**	0.91	**1.16**	0.98	0.8	0.44
Pb	**2.12**	0.39	0.41	**1.39**	0.45	0.26	0.5	**1.13**	**1.31**	**1.16**	**1.09**	**1.07**
V	0.01	0.05	0.01	0.16	0.05	0.07	0.14	0.45	0.31	0.27	0.44	0.39
Zn	0.92	0.85	**1.38**	**1.08**	0.58	0.21	0.77	**1.26**	**2.49**	**1.33**	**1.76**	**2.05**

Os valores >1 estão assinalados a negrito, indicando uma eficiência significativa; 1-sítio 1, ambiente de mina de Cu, 2-sítio 2, ambiente de antiga mina de Fe, 3 - sítio 3 área de referência, 4-sítio 4, área urbana

Quadro 9b. Valores do fator de bioacumulação (BAF)

Element	R. acetosa				U. dioica				S. oleracea			
Site	1	2	3	4	1	2	3	4	1	2	3	4
Ag	0.49	0.01	0.13	0.43	0.75	0.01	0.23	0.07	0.26	0.04	0.01	0.15
Al	<0.01	<0.01	<0.01	<0.01	<0.01	<0.01	0.01	0.01	<0.01	<0.01	<0.01	<0.01
As	0.03	0.01	<0.01	<0.01	<0.01	<0.01	<0.01	0.02	0.01	0.03	0.01	0.02
Ba	<0.01	<0.01	0.02	0.03	0.02	<0.01	0.07	0.05	0.01	0.03	0.01	0.01
Ca	0.11	0.16	0.19	0.15	0.78	0.87	**1.17**	0.76	0.21	0.17	0.12	0.11
Cd	0.03	0.03	0.05	0.11	<0.01	<0.01	<0.01	0.06	0.06	0.17	0.12	0.43
Cr	<0.01	0.01	0.01	0.01	<0.01	0.01	0.01	0.01	<0.01	0.01	0.01	0.02
Cu	0.11	0.11	0.19	0.12	0.28	0.16	0.94	0.15	0.08	0.10	0.28	0.18
Fe	<0.01	<0.01	<0.01	0.01	<0.01	<0.01	0.01	0.01	<0.01	<0.01	0.01	<0.01
K	0.91	0.96	**1.91**	**1.08**	0.75	0.77	**1.91**	**1.08**	**1.29**	**1.56**	**1.87**	**1.89**
Li	0.01	0.01	0.01	0.03	0.01	0.01	0.05	0.03	0.01	0.02	0.02	0.04
Mg	0.11	0.26	0.15	0.21	0.11	0.13	0.16	0.15	0.12	0.23	0.13	0.19
Mn	0.02	0.04	0.02	0.05	0.15	0.05	0.03	0.03	0.02	0.03	0.05	0.12
Mo	0.31	0.37	0.12	0.13	0.51	0.38	0.2	0.52	0.14	0.03	0.17	0.34
Na	0.01	0.01	0.01	0.01	0.01	<0.01	0.01	0.01	0.01	<0.01	<0.01	0.11
Ni	0.05	0.02	0.01	0.06	0.07	0.07	0.04	0.05	0.03	0.13	0.04	0.04
P	**2.88**	**1.97**	**2.03**	0.71	**2.01**	**3.52**	**2.24**	0.95	**2.39**	**2.99**	**2.85**	0.9
Pb	0.02	0.02	<0.01	0.01	0.02	0.01	0.02	0.01	0.02	0.03	0.02	0.01
V	<0.01	<0.01	<0.01	0.01	<0.01	<0.01	0.01	0.01	<0.01	<0.01	0.01	0.01
Zn	0.37	0.37	0.28	0.11	0.16	0.49	0.21	0.12	0.82	0.54	0.66	0.36

Os valores >1 estão assinalados a negrito, indicando uma eficiência significativa; 1-sítio 1, ambiente de mina de Cu, 2-sítio 2, ambiente de antiga mina de Fe, 3 - sítio 3 área de referência, 4-sítio 4, área urbana

Tabela 9c. Valores do fator de bioconcentração (BCF)

Element	R. acetosa				U. dioica				S. oleracea			
Site	1	2	3	4	1	2	3	4	1	2	3	4
Ag	<0.01	0.01	<0.01	<0.01	0.01	<0.01	0.02	0.01	<0.01	<0.01	0.01	<0.01
Al	0.04	0.02	0.01	0.02	0.04	0.02	0.05	0.02	0.01	0.01	0.02	0.01
As	0.03	0.02	0.04	0.03	0.03	0.01	0.06	0.02	0.02	0.05	0.03	0.02
Ba	0.6	0.25	0.19	0.17	0.22	0.21	0.4	0.13	0.13	0.11	0.12	0.11
Ca	0.05	0.09	0.06	0.09	0.07	0.11	0.11	0.03	0.09	0.16	0.21	<u>0.57</u>
Cd	0.01	0.02	0.01	<u>0.42</u>	0.02	0.02	0.04	0.02	0.01	0.02	0.02	0.03
Cr	0.24	0.21	0.18	0.15	0.24	0.15	0.21	0.13	0.17	0.10	0.22	0.15
Cu	0.01	0.01	0.01	0.01	0.01	0.01	0.03	0.01	0.01	0.01	0.01	0.01
Fe	0.32	0.48	0.66	0.28	0.51	0.46	0.66	0.48	0.81	**1.18**	**1.60**	**1.01**
K	0.02	0.04	0.02	0.02	0.04	0.01	0.11	0.03	0.02	0.03	0.04	0.02
Li	0.12	0.24	0.12	0.12	0.07	0.06	0.11	0.1	0.11	0.16	0.15	0.15
Mg	0.02	0.03	0.01	0.02	0.09	0.03	0.08	0.03	0.02	0.03	0.04	0.06
Mn	0.41	0.26	0.11	0.11	0.13	0.04	0.02	0.01	0.09	0.02	0.09	0.01
Mo	0.03	0.04	0.02	0.01	0.01	<0.01	0.02	0.02	0.06	0.01	0.02	0.11
Na	0.09	0.13	0.04	0.01	0.18	0.16	0.08	0.03	0.04	0.10	0.03	0.09
Ni	0.75	**1.91**	**1.73**	0.51	**1.83**	**2.05**	**2.17**	**1.05**	**2.06**	**3.04**	**3.56**	**2.06**
P	0.01	0.04	0.02	0.01	0.04	0.03	0.05	0.01	0.02	0.02	0.02	0.01
Pb	0.02	0.04	0.05	0.04	0.03	0.02	0.04	0.02	0.01	0.01	0.02	0.01
V	<u>0.42</u>	<u>0.42</u>	0.21	0.09	0.28	**2.30**	0.27	0.07	<u>0.33</u>	<u>0.41</u>	<u>0.37</u>	0.18
Zn	0.24	0.04	0.01	0.04	0.11	0.23	0.06	0.06	0.11	0.54	0.07	<0.01

Os valores >1 estão assinalados a negrito, indicando uma eficiência significativa; 1-sítio 1, ambiente de mina de Cu, 2-sítio 2, ambiente de antiga mina de Fe, 3 - sítio 3 área de referência, 4-sítio 4, área urbana

3.3. Análise dos alimentos vegetais cultivados (matriz de dados para A. sativum, A. cepa, P. crispum)

3.3.1. Caracterização dos teores de metais - Estatísticas descritivas básicas

Os valores médios, mínimos e máximos foram usados para resumir os dados dos teores de elementos nas espécies vegetais (Tabelas 10a, 10b e 10c). Os valores apresentados foram calculados para as amostras secas ao ar, enquanto a fração de humidade varia entre 71,1-92,6%. Os teores de elementos foram analisados separadamente nas partes vegetais comestíveis (rebentos) e na raiz.

Os teores de macroelementos essenciais (Ca, K, Mg e P) não variam significativamente entre as espécies de rebentos e raízes. Por outro lado, o conteúdo dos elementos vestigiais essenciais, tais como Cu, Fe, Mn, Mo e Zn, ocorre em níveis mais elevados nas áreas poluídas do que na área de referência. Foi sugerido que a necessidade essencial de Cu para o tecido vegetal é de ~0,9 mg kg^{-1} (Marschner, 2002). No entanto, os teores de cobre determinados no presente estudo enriqueceram para 46 mg kg^{-1} na raiz de A. sativum (amostra recolhida muito perto da mina de cobre) (Quadro 10b). Os teores essenciais de Fe para o tecido vegetal são 18 mg kg^{-1} (Marschner 2002). Os teores de ferro determinados variam entre a acumulação de rebentos/raízes e entre espécies. O teor mais elevado de Fe foi obtido tanto para A. cepa como para a raiz de A. sativum (0,12%). O valor máximo de Mn (61,3 mg kg^{-1}) foi obtido para a raiz de A. sativum (Quadro 10b). As necessidades nominais de Zn são de 11 mg kg^{-1}, mas neste estudo foi encontrada uma acumulação enriquecida de Zn nos legumes, variando entre 7,04-59,1 mg kg^{-1}. Os valores máximos para o teor de Zn foram obtidos na zona urbana (45 mg kg^{-1}).

Os elementos potencialmente tóxicos (As, Cd, Cr, Pb, Zn) foram encontrados abaixo do limite de deteção para as três espécies vegetais. Apenas na zona mineira o teor de arsénio foi considerado potencialmente perigoso (1,87 mg kg^{-1}). O valor máximo permitido para o teor de Cd e Pb em produtos hortícolas frescos é regulado por normas estabelecidas na República da Macedónia, considerando 0,05 e 0,1 mg kg^{-1}, respetivamente, como teores máximos permitidos (Jornal Oficial da R. Macedónia, n.º 118, 2005). Os teores de cádmio em todas as partes e espécies de vegetais estavam abaixo do limite. O chumbo foi analisado como metal potencialmente tóxico, devido ao enriquecimento antropogénico do cobre na área investigada, tal como previamente considerado por Balabanova et al. (2010, 2013). Os valores para os teores de Pb variam entre 0,4 e 2,27 mg kg^{-1} para a massa seca, enquanto para a matéria fresca (incluindo a massa da fração de humidade) variam entre 0,05 e 0,47 mg kg^{-1}, apontando para uma contaminação parcial (teores máximos permitidos - 0,1 mg kg^{-1} na matéria fresca). Foram obtidos teores perigosos de Pb em A. cepa, A. sativum e P. crispum do ambiente da mina de cobre e da zona urbana (Quadros 10a, 10b e 10c).

Tabela 10a. Estatísticas descritivas dos teores de elementos (os valores são dados em mg kg^{-1} para a fração de massa seca)

Element	Alium cepa					
	shoot			root		
	mean	min	max	mean	min	max
Ag	<0.01	<0.01	<0.01	0.63	0.01	2.33
Al	43.1	13.7	102.7	1147	791	1931
As	<0.1	<0.1	<0.1	1.20	0.25	1.99
Ba	20.60	4.35	58.77	35.00	15.28	78.15
Ca	5312	1850	12129	5803	3345	7747
Cd	0.034	0.006	0.066	0.14	0.09	0.18
Cr	0.18	0.08	0.25	1.90	1.27	3.14
Cu	3.65	2.43	4.75	11.2	9.05	15.7
Fe	46.8	18.0	81.1	838	637	1241
K	16976	12103	23858	12884	9584	17398
Li	0.076	0.015	0.22	0.70	0.41	1.16
Mg	610	311	961	824	634	1105
Mn	7.96	7.29	8.83	26.2	19.3	38.0
Mo	0.60	0.19	1.25	0.41	0.03	0.79
Na	103	53.0	225	949	331	1784
Ni	0.19	0.06	0.42	2.32	0.70	3.85
P	1948	528	3198	1189	487	2301
Pb	0.40	0.27	0.61	1.71	0.94	2.17
Sr	21.8	6.26	52.9	35.2	20.6	47.2
V	0.09	0.03	0.19	2.77	2.28	3.96
Zn	13.4	7.04	24.2	32.1	26.2	41.4

Tabela 10b. Estatísticas descritivas dos teores de elementos (os valores são dados em mg

kg^{-1} para a fração de massa seca)

Element	*Alium sativum*					
	shoot			root		
	mean	min	max	mean	min	max
Ag	0.12	0.02	0.24	0.17	0.04	0.37
Al	156	34.9	414	756	22.7	1428
As	0.22	0.11	0.25	0.73	0.25	1.87
Ba	7.79	2.13	13.50	14.31	3.78	26.10
Ca	6750	4250	10206	6545	4734	8694
Cd	0.05	<0.01	0.078	0.146	0.032	0.253
Cr	0.35	0.15	0.79	1.54	0.15	3.43
Cu	5.61	2.62	9.22	19.8	3.50	46.5
Fe	144	39.6	380	608	38.4	1133
K	13066	7815	17388	14677	9592	20672
Li	0.122	0.02	0.34	0.48	0.069	1.01
Mg	726	399	994	846	723	952
Mn	14.1	8.67	19.4	30.4	10.3	61.3
Mo	0.96	0.31	2.45	1.59	0.10	5.35
Na	343	43.9	1075	946	124	1511
Ni	1.46	1.17	1.69	2.15	0.83	3.70
P	1716	634	2729	1719	978	2403
Pb	0.71	0.50	0.86	1.37	0.70	2.27
Sr	23.8	12.7	37.6	32.1	20.8	57.3
V	0.53	0.03	1.83	2.21	0.06	4.50
Zn	21.0	8.21	35.9	34.4	13.0	59.1

Tabela 10c. Estatísticas descritivas dos teores de elementos (os valores são dados em mg kg^{-1} para a fração de massa seca)

| Element | *Petroselinum crispum* | | | | | |
| | shoot | | | root | | |
	mean	min	max	mean	min	max
Ag	0.11	<0.01	0.25	0.26	0.05	0.76
Al	139	58.0	263	395	203	709
As	0.62	0.29	0.98	0.77	0.25	1.50
Ba	29.13	21.95	38.70	30.15	22.60	39.77
Ca	10106	9108	10818	3670	2965	4260
Cd	0.048	0.034	0.079	0.052	0.033	0.066
Cr	0.65	0.20	1.13	1.38	0.70	2.55
Cu	8.17	6.28	10.3	13.2	6.15	22.3
Fe	158	67.0	239	377	209	542
K	21333	18241	25392	11128	7111	14955
Li	0.35	0.11	0.59	0.26	0.18	0.45
Mg	879	794	922	960	627	1384
Mn	26.2	23.4	30.2	16.8	12.8	23.9
Mo	0.95	0.30	1.39	0.37	0.03	0.76
Na	466	77.9	1018	1454	532	3907
Ni	2.45	1.99	3.27	1.73	0.98	3.20
P	2074	1422	2491	1088	800	1320
Pb	1.04	0.66	1.55	1.23	0.63	1.88
Sr	26.7	25.4	29.8	22.9	17.7	28.5
V	0.42	0.08	0.86	1.04	0.71	1.31
Zn	29.0	17.0	45.3	17.5	11.4	22.3

3.3.2. Correlações de metais e associações de elementos

A caraterização da contaminação por metais com PCA nas áreas acima mencionadas, de acordo com a localização (áreas contaminadas ou não contaminadas), foi feita primeiramente pela construção do PCA2 - modelo vegetal, contendo apenas os teores dos elementos nos vegetais. A qualidade do modelo permitiu uma classificação muito precisa e a dependência das amostras de vegetais de acordo com os locais de amostragem. Foram identificados dois factores com uma variância dominante de 78,29% (os valores das cargas para cada elemento são apresentados na Figura 5). Como se pode ver na Figura 6, a localidade tem uma influência significativa nos teores dos elementos e é muito expressa com a PCA aplicada, o que não foi o caso da distribuição dos elementos no solo agrícola. Os principais contribuintes para a PC2 foram os seguintes elementos: Ca, Cd e Sr correlacionados com o solo urbano (localidade 4) e elementos: As, Al, Ba, Cr, Fe, Li, Na e V correlacionados com a área de referência (localidade 3). As áreas mineiras mais poluídas foram dominantes no PC1. Os principais contribuintes foram Cu, Pb, Mn, Ni, para a localidade da mina de cobre - 1. Foram obtidos resultados muito semelhantes para a segunda localidade - 2 (antiga mina de Fe, muito próxima da mina de Cu). Os principais contribuintes na parte negativa do PC1 foram P, Mg, Mo e Zn (Figura 6).

Assim, pode considerar-se que os principais marcadores antropogénicos nos terrenos agrícolas das minas são o Cu, o Pb, o Mn e o Ni. Em investigações anteriores realizadas por Balabanova et al. (2010), utilizando espécies vegetais de musgo, foram determinados As, Cd, Cu e Pb como marcadores antropogénicos. A bioacumulação vegetal do solo varia da deposição atmosférica em espécies de musgo, mas o Cu e o Pb são os marcadores de poluição antropogénica mais estáveis na área investigada.

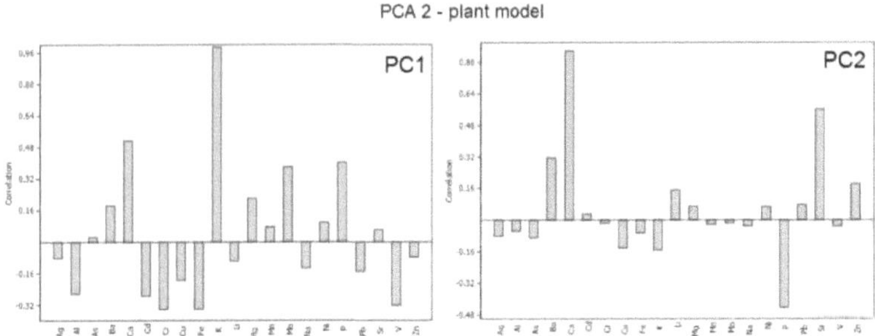

Figura 5. Pontuações de carga para PC1 e PC2 para os teores de metais nas plantas (valores transformados Box-Cox)

As vias de bioacumulação para os produtos hortícolas investigados dependem dos teores de metais e da bioavabilidade no solo. Para esse efeito, foi construído um modelo PCA-

3 para a relação/correlação entre os vegetais e o solo (Figura 5). Os dois primeiros componentes principais representam 88,4% da variabilidade total. Os cascos convexos, marcados com uma linha verde, ocupam a distribuição para todos os 28 casos (amostras de vegetais e de solo) em relação aos teores de 23 elementos. A área de controlo (localidade 3) é muito estável para a distribuição dos teores totais de As, Al, Cd, Cu, Cr, Fe, Ni, Pb e V para as espécies vegetais A. cepa e A. sativum (os marcadores concentraram-se no lado positivo no PC 1, Figura 7). Para os restantes teores de elementos, apenas foi obtida uma correlação significativa (distribuição estável) para os teores extraíveis por HCl de Ag, Ca, Ba, Li, Mg, Mn, Mo, Na, K e Zn em A. cepa, A. sativum e P. crispum (de minas e áreas urbanas) e para os mesmos elementos em P. crispum da área de controlo (Figura 7).

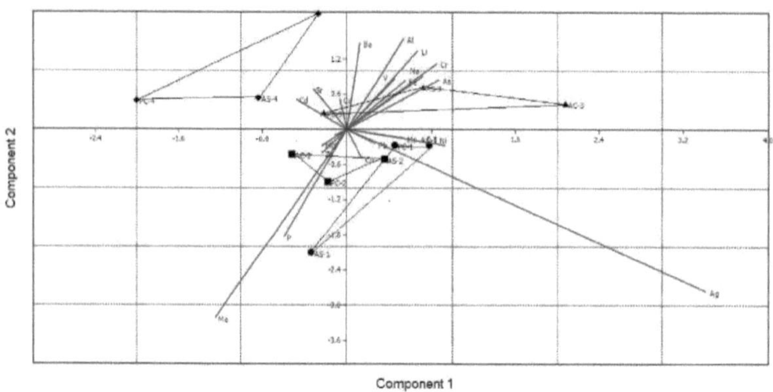

Figura 6. Modelo de planta PCA 2 na correlação dos teores de elementos e localidade de amostragem (quatro localidades vs. 23 variáveis para teores de elementos vs. n=12 amostras de vegetais)

1-Localidade de mina de Cu (ambiente poluído); 2-Antigo local de mina de Fe (ambiente poluído); 3-Localidade de controlo (não poluído); 4-Localidade urbana (ambiente potencialmente poluído); AC-A. cepa; AS- A. sativum;; PC-P. crispum

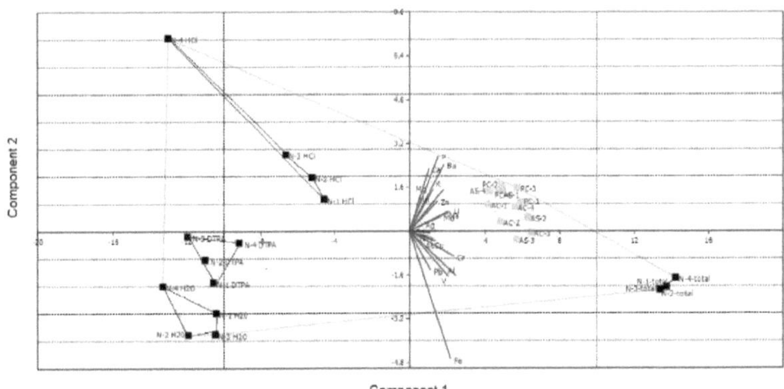

Figura 7. Modelo planta-solo PCA 3 na correlação dos teores de elementos e localidade de amostragem (quatro localidades vs. 23 variáveis para teores de elementos vs. total n=28 amostras de vegetais e solo)

1-Localidade de mina de Cu (ambiente poluído); 2-Antigo local de mina de Fe (ambiente poluído); 3-Localidade de controlo (não poluído); 4-Localidade urbana (ambiente potencialmente poluído); AC-A. cepa; AS- A. sativum; PC-P. crispum; H2O, HCl, DTPA, - agentes de extração do solo; total - teores totais de elementos dissolvidos no solo

A caraterização dos teores de elementos, com destaque para os elementos potencialmente de risco, a sua distribuição e determinação não tem significado significativo na ordem da poluição do solo. A bioacumulação e a capacidade de transferência das espécies vegetais fornecem os quocientes de perigo alvo para a estimativa dos riscos potenciais para a saúde. Para o efeito, a bioacumulação e a translocação foram calculadas de acordo com Malik et al. (2010).

3.3.3. **Biodisponibilidade e translocação de metais em** A. cepa, A. sativum e P. crispum

A caraterização dos teores de elementos, com destaque para os elementos potencialmente de risco, a sua distribuição e determinação não tem significado significativo na ordem da poluição do solo. A bioacumulação e a capacidade de transferência das espécies vegetais fornecem os quocientes de perigo alvo para a estimativa dos riscos potenciais para a saúde. Para o efeito, a bioacumulação e a translocação foram calculadas de acordo com Malik et al. (2010). Foi também efectuada a caraterização da eficiência de translocação para todos os elementos analisados (Quadro 11a). Para os elementos macro biogénicos (Ca, Mg, K e P) os valores de TF não apresentam variações significativas e situam-se no intervalo de 0,54-3,34. A cebola, A. cepa, e o alho, A. sativum, têm um mecanismo semelhante de bioacumulação e translocação para os elementos essenciais (Quadro 11a). O fator de **bioacumulação-BAF** constitui um marcador quantitativo do risco potencial para a saúde da população que consome alimentos com factores de bioacumulação mais elevados para metais tóxicos. Nenhuma das espécies vegetais analisadas tem capacidade significativa de bioacumulação de metais potencialmente perigosos (BAF < 0,1). Mas quando estes elementos são significativamente enriquecidos no solo agrícola, existe um risco potencial de transferência destes conteúdos perigosos através da raiz para o rebento dos vegetais. Não foram obtidos enriquecimentos significativos para os produtos hortícolas analisados de acordo com o BAF calculado (Quadro 11b). De acordo com os valores de TF, as três espécies de legumes têm uma capacidade de translocação significativa. A salsa (P. crispum) apresentou eficiência significativa de translocação para quase todos os elementos analisados, com destaque para os metais potencialmente tóxicos (TF > 1,00), conforme apresentado na Tabela 11a. A área urbana tem um efeito significativo de poluição sobre o vegetal cultivado. Os valores de TF para a salsa foram maiores na área urbana, para As (1,15), Cd, (1,27) para Cu (1,11), e (2,12), Pb (1,68) e para Zn (1,78). Ao contrário da salsa, a cebola e o alho apresentaram valores TF mais elevados para estes elementos nas zonas poluídas por minas (local-1 e local-2).

Tabela 11a. Valores do fator de translocação (TF)

Element	A. cepa				A. sativum				P. crispum			
Site	1	2	3	4	1	2	3	4	1	2	3	4
Ag	0.52	0.04	0	0.09	**2.60**	**3.21**	0.27	0.58	2.27	1.68	1.12	0.01
Al	0.03	0.04	0.01	0.11	0.05	0.04	0.09	0.07	0.29	0.15	0.24	1.03
As	1.02	0.33	0.14	0.13	1.07	0.06	0.46	1	0.65	0.94	0.87	1.15
Ba	0.25	0.28	0.54	0.75	0.28	0.27	0.22	0.41	1.71	0.81	0.55	1.18
Ca	0.63	0.55	0.56	**1.57**	**1.18**	0.88	2.16	0.67	2.55	3.07	2.54	2.99
Cd	0.08	0.48	0.06	0.34	0.41	0.27	0.04	0.21	1.8	0.52	0.6	1.27
Cr	0.15	0.13	0.03	0.14	0.19	0.1	0.09	0.15	0.44	0.28	0.31	0.82
Cu	0.36	0.3	0.23	0.43	0.38	0.16	0.16	0.24	0.46	0.43	0.94	1.11
Fe	0.06	0.06	0.01	0.12	0.11	0.06	0.09	0.11	0.44	0.19	0.33	0.91
K	**2.48**	**1.26**	0.96	**1.01**	**1.73**	1.11	0.61	**1.58**	**1.76**	**2.1**	**1.48**	**2.74**
Li	0.03	0.12	0.01	0.32	0.20	0.04	0.07	0.16	**2.79**	0.54	0.7	**2.22**
Mg	0.65	0.71	0.54	1.48	0.96	0.88	0.49	**1.01**	**1.27**	0.72	0.66	**1.4**
Mn	0.36	0.31	0.19	0.46	0.68	0.32	0.38	0.59	**1.97**	**1.73**	0.98	**1.94**
Mo	**1.86**	0.56	**1.28**	**2.27**	**2.18**	0.83	**4.33**	**2.24**	**3.42**	**3.57**	**1.38**	**1.83**
Na	0.23	0.18	0.03	0.17	0.11	0.12	0.03	0.10	0.77	0.1	0.26	0.58
Ni	0.3	0.21	0.02	0.03	0.51	0.36	0.65	0.82	**2.03**	0.66	**2.07**	**2.12**
P	**3.34**	**1.38**	0.87	**1.08**	**1.21**	**1.72**	0.65	0.79	**1.45**	**1.99**	**1.58**	**2.88**
Pb	0.44	0.14	0.12	0.37	1.3	0.22	**1.08**	0.5	0.82	0.65	0.64	**1.68**
V	0.05	0.01	0.01	0.08	0.03	0.01	0.05	0.02	0.77	0.08	0.23	0.61
Zn	0.51	0.71	0.26	0.22	0.36	0.47	0.51	0.28	**2.03**	**1.22**	**1.49**	**1.78**

Os valores >1 estão a negrito, indicando uma eficiência significativa; 1-sítio 1, ambiente de mina de Cu, 2-sítio 2, ambiente de antiga mina de Fe, 3 - sítio 3 área de referência, 4-sítio 4, área urbana

Quadro 11b. Valores do fator de bioacumulação (BAF)

Element	A. cepa				A. sativum				P. crispum			
Site	1	2	3	4	1	2	3	4	1	2	3	4
Ag	0.01	0.01	0.01	<0.01	0.31	0.32	0.13	0.02	0.53	0.21	0.12	<0.01
Al	<0.01	<0.01	<0.01	<0.01	0.01	<0.01	<0.01	<0.01	<0.01	<0.01	<0.01	<0.01
As	0.01	0.01	0.01	0.01	0.01	<0.01	0.01	0.01	0.04	0.03	0.03	0.01
Ba	0.02	0.01	0.04	0.13	0.04	0.01	0.01	0.02	0.12	0.07	0.06	0.06
Ca	0.18	0.09	0.14	0.34	0.3	0.21	0.46	0.16	0.46	0.45	0.49	0.28
Cd	0.01	0.07	0.01	0.08	0.07	0.07	0.01	0.06	0.07	0.04	0.04	0.07
Cr	<0.01	<0.01	<0.01	<0.01	0.01	<0.01	<0.01	<0.01	0.02	<0.01	0.01	0.02
Cu	0.04	0.07	0.07	0.05	0.09	0.12	0.08	0.04	0.11	0.10	0.27	0.09
Fe	<0.01	<0.01	<0.01	<0.01	0.01	<0.01	<0.01	<0.01	0.01	<0.01	<0.01	0.01
K	**1.01**	0.61	0.89	0.86	0.5	0.88	0.48	0.75	0.77	**1.28**	**1.37**	0.96
Li	<0.01	0.01	<0.01	0.02	0.04	<0.01	0.01	0.01	0.08	0.02	0.04	0.04
Mg	0.07	0.07	0.03	0.11	0.09	0.12	0.04	0.08	0.09	0.12	0.11	0.16
Mn	0.01	0.01	0.01	0.02	0.03	0.03	0.02	0.02	0.06	0.05	0.04	0.04
Mo	0.31	0.14	0.07	0.22	0.61	0.20	0.16	0.12	0.26	0.43	0.38	0.12
Na	0.01	0.01	0.01	0.03	0.13	0.01	0.01	0.02	0.05	0.01	0.12	0.05
Ni	0.01	0.02	<0.01	<0.01	0.08	0.06	0.04	0.03	0.10	0.09	0.08	0.07
P	**2.31**	**3.42**	0.89	0.24	1.44	**2.93**	0.64	0.69	**1.03**	**2.67**	**2.09**	**1.05**
Pb	0.02	0.01	0.01	0.01	0.04	0.01	0.02	0.01	0.06	0.02	0.02	0.01
V	<0.01	<0.01	<0.01	<0.01	0.02	<0.01	<0.01	<0.01	0.01	<0.01	<0.01	0.01
Zn	0.17	0.33	0.1	0.05	0.46	0.32	0.11	0.09	0.57	0.33	0.23	0.17

Os valores >1 estão a negrito, indicando uma eficiência significativa; 1-sítio 1, ambiente de mina de Cu, 2-sítio 2, ambiente de antiga mina de Fe, 3 - sítio 3 área de referência, 4-sítio 4, área urbana

CAPÍTULO 4

CONCLUSÃO

47

Este estudo mostra que, mesmo em teores mais baixos em solos parcialmente contaminados, o As, o Cd, o Cu, o Ni e o Pb são muito extraíveis e disponíveis a partir de plantas cultivadas. Muitos autores sugeriram que a urtiga comum (U. dioica) e o espinafre (S. oleracea) são plantas de fitoextracção muito adequadas em áreas muito poluídas, mas este estudo revelou que a urtiga comum (U. dioica), o espinafre (S. oleracea) e a azeda (R. acetosa) são mais eficientes para a bioacumulação de Cd e Pb em áreas potencialmente poluídas. Nenhuma das espécies foi especificada como hiperacumuladora; no entanto, as três espécies mostram potencial para fitoextracção e fitoestabilização de Cd, Cu, Pb e Zn. Para além disso, são necessários mais estudos para determinar o desempenho do crescimento, a produção de biomassa e a acumulação de metais destas espécies em solos contaminados por metais para a sua melhor gestão, conservação e garantia de uma melhor qualidade alimentar quando crescem em terrenos urbanos, industriais e agrícolas perto de minas.

CAPÍTULO 5

REFERÊNCIAS

Alexander M (2000) Aging, bioavailability, and overestimation of risk from environmental pollutants. Revisão crítica. Environ Sci Technol 34(20):4259-4265

Alloway B. J. (2012) Heavy metals in soils; Trace metals and metalloids in soils and their bioavailability, 3th ed., Springer, Londres, Reino Unido. Springer, Londres, Reino Unido.

Baceva K, Stafilov T, Matevski V (2015) Bioacumulação de metais pesados por espécies endémicas de Viola do solo nas imediações da mina de As-Sb-Tl "Allchar", República da Macedónia. Int *J* Phytoremediat 16:247-365.

Balabanova B, Stafilov T, Baceva K, Sajn R (2010) Biomonitorização da poluição atmosférica com metais pesados na vizinhança da mina de cobre localizada perto de Radovis, República da Macedónia. *J Environ Sci Heal A* 45:1504-1518.

Balabanova B, Stafilov T, Sajn R, Baceva K (2012) Caracterização de metais pesados em espécies de líquenes *Hypogymnia physodes* e *Evernia prunastri* devido à biomonitorização da poluição atmosférica nas proximidades de uma mina de cobre. *Int J Environ Res* 6:779-794.

Balabanova B, Stafilov T, Sajn R, Baceva K (2013) Distribuição espacial e caraterização de alguns metais tóxicos e elementos litogénicos no solo superficial e no subsolo dos arredores da mina de cobre. *Inter J Environ Prot*, 3:1-9.

Bohn HL, McNeal BL, O'Connor GA (2001) Soil chemistry. John Wiley and Sons, Nova Iorque

Box GEP, Cox DR (1964) An analysis of transformations (Uma análise das transformações). *J R Stat Soc B* 26(2): 211-252.

Cui S, Zhou Q, Chao L (2007). Potencial hiperacumulação de Pb, Zn, Cu e Cd em plantas endurantes distribuídas numa antiga fundição, no nordeste da China. Environ Geol 51: 1043-1048.

Filzmoser P, Garrett RG, Reimann C (2005) Multivariate outlier detection in exploration geochemistry. *Comput Geo Sci* 31:579587.

Gergen I, Harmanescu M (2012) Aplicação da análise de componentes principais na avaliação da poluição com metais pesados da cadeia alimentar vegetal nas antigas zonas mineiras. *Chem Cent J* 6:156-169.

Ghosh M, Singh SP (2005) A review on phytoremediation of heavy metals and utilization it's by products. *Appl Ecol Env Res* 3:1-18.

Gunduz S, Uygur FN, Kahramanoglu I (2012) Potenciais de fitorremediação de metais pesados de *Lepidum sativum* L., *Lactuca sativa* L., *Spinacia oleracea* L. e *Raphanus sativus* L. *Herald J Agri Food Sci Res* 1(1):1-5.

Hammer. D. e C. Keller (2002). Changes in the rhizosphere of heavy metalaccumulating plants as evidenced by chemical extractants. *J. Environ. Qual*, 31: 1561-1569.

Intawongse, M. and Dean JR (2006) Uptake of heavy metals by vegetable plants grown on contaminated soil and their bioavailability in the human gastrointestinal tract. *Food Addit Contam A,* 23: 36-48.

Ismail A, Riaz M, Akhtar S, Ismail T, Amir M, Zafar-ul-Hye M (2014) Metais pesados cm produtos hortícolas e respetivos solos irrigados por canal, resíduos municipais e águas de poços tubulares. *Food Addit Contam B* 7:213-219.

Kara D (2009) Avaliação da concentração de metais vestigiais em algumas ervas e chás de ervas através da análise de componentes principais. Food Chem114:347- 354.

Khan S, Cao Q, Zheng YM, Huang YZ, Zhu YG (2008) Health risks of heavy metals in contaminated soils and food crops irrigated with wastewater in Beijing, China. *Environ Pollut* 152:686-692.

Kothe E, Varma A (2012) *Bio-geo interações em solos contaminados com metais.* Springer Verlag, Berlim, Heidelberg, Springer Press.

Li MS, Luo YP, Su ZY (2007) Concentrações de metais pesados nos solos e acumulaçao de plantas numa mina de manganês restaurada em Guangxi, Sul da China. *Environ Pollut* 147:168-175.

Lombardi-Boccia, G, Aguzzi, A, Cappelloni M, Di Lullo G, Lucarini M (2003). Total-diet study: dietary intakes of macro elements and trace elements in Italy. Br *JNutr,* 90: 1117-1121.

Malik RN, Husain SZ, Nazir I (2010) Contaminação e acumulação de metais pesados no solo e em espécies vegetais selvagens da zona industrial de Islamabad, Paquistão. *Pak J Bot* 42:291-301.

Manara A (2012) Respostas das plantas à toxicidade de metais pesados. In: *Plantas e metais pesados*. Editado por Furini A. Springer. Londres.

Marschner H (2002) Mineral nutrition of higher plants. 2nd ed. Elsevier Academic Press. London.

Mench M, Vangronsveld J, Didier V, Clijsters H (1994) Avaliação da mobilidade dos metais, da disponibilidade para as plantas e da imobilização por agentes químicos num solo calcário-salino. *Environ Pollut* 86:279-286.

Mishra A, Tripathi BD (2008) Heavy metal contamination of soil, and bioaccumulation in vegetables irrigated with treated waste water in the tropical city of Varanasi, India. *Toxicol Environ Chem* 90(5):861-871

Naidu K., Semple R.T., Megharaj M., Juhasz A.L., Bolan N.S., Gupta S.K. .Clothier B.E Schulin R. (2008) Bioavailability: Definition, assessment and implications for risk assessment. In: Developments in Soil Science, Chemical Bioavailability in Terrestrial Environments Vol. 32, pp 39-51.

Nasreddine L., Parent-Massin D. (2002) Food contamination by metals and pesticides in the European Union. Devemos preocupar-nos? Toxicol *Lett* 127, (1-3): 29-41

Nordin N, Selamat J (2013) Metais pesados em especiarias e ervas aromáticas provenientes de mercados de venda inteira na Malásia. *Food Addit Contam B* 6(1): 36-41.

Jornal Oficial da R. Macedónia, n.º 118, 2005, Regras sobre requisitos gerais de segurança alimentar. p. 30 (em macedónio).

Overesch M, Rinklebe J, Broll G, Neue HU (2007) Metais e arsénio nos solos e na vegetação correspondente nas planícies de inundação do rio Elba Central (Alemanha). *Environ Pollut,* 145: 800-812.

Petrova S, Yurukova L, Velcheva I (2013) *Taraxacum officinale* como biomonitor de metais e elementos tóxicos (Plovdiv, Bulgária). *Bulg J Agric Sci,* 19: 241-247.

Salminen R, (Editor-chefe), Batista MJ, Bidovec M, Demetriades A, De Vivo B, De Vos W, Duris M, Gilucis A, Gregorauskiene V, Halamic J, Heitzmann P, Lima A, et al. (2005)

Geochemical atlas of *Europe. Part 1 - Background information, methodology and maps*. Geological survey of Finland, Espoo, Finlândia, p. 526, ISBN 951-690-921-3.

Sharma RK, Agrawal M, Marshall FM (2009) Heavy metals in vegetables collected from production and market sites of a tropical urban area of India. *Food Chem Toxicol*, 47:583-591.

Smical AI, Hotea V, Oros V, Juhasz J, Pop E (2008) Estudos sobre a transferência e a bioacumulação de metais pesados do solo para a alface. *Environ Eng Manage J.* 7(5): 609-615.

Stafilov T, Balabanova B, Sajn R, Baceva K, Boev B (2010) *Geochemical atlas of Radovis and the environs and the distribution* of heavy metals in air. Skopje. Faculdade de Ciências Naturais e Matemática.

Stafilov T (2014) Poluição ambiental com metais pesados na República da Macedónia, Contr Sect Nat Math Biotechn Sci MASA 35:81-119.

Taylor SR, McLennan SM (1995) The geochemical evolution of the continental crust, Rev *Geophys*, 33(2), 241-265,

Thakur IS (2008) Xenobiotics: Poluentes e sua degradação - metano, benzeno, pesticidas, bioabsorção de metais. Escola de Ciências Ambientais, Universidade Jawaharal Nehru, Nova Deli.

Thakur IS (2011) Environmental Biotechnology: Basic concept and applications. IK International, Nova Deli.

OMS (1996) Trace Elements in Human Health and Nutrition. Genebra, Suíça: Publicações da Organização Mundial de Saúde.

Yoon J, Cao X, Zhou Q, Ma LQ (2006) Acumulação de Pb, Cu e Zn em plantas nativas que crescem num local contaminado na Florida. *Sci Tot Environ*, 368: 456-464.

Zhang CS, Zhang SA. (1996) Robust-symmetric mean: Uma nova forma de cálculo da média para dados ambientais. *Geo J* 40:209-212.

Zibret G, Sajn R (2010) À procura de associações geoquímicas de elementos: análise de factores e mapas auto-organizados. *Math Geosci* 42:681-703

Yu P (2005) Aplicação da análise de agrupamento hierárquico (CLA) e da análise de componentes principais (PCA) na investigação da estrutura e da química molecular dos alimentos para animais, utilizando a microespectroscopia de infravermelhos com transformada de Fourier (FTIR) baseada em sincrotrão. *J Agric Food Chem* 53: 7115-7127.

yes
I want morebooks!

Buy your books fast and straightforward online - at one of world's fastest growing online book stores! Environmentally sound due to Print-on-Demand technologies.

Buy your books online at
www.morebooks.shop

Compre os seus livros mais rápido e diretamente na internet, em uma das livrarias on-line com o maior crescimento no mundo! Produção que protege o meio ambiente através das tecnologias de impressão sob demanda.

Compre os seus livros on-line em
www.morebooks.shop